트래블로그Travellog로 로그인하라!
여행은 일상화 되어 다양한 이유로 여행을 합니다.
여행은 인터넷에 로그인하면 자료가 나오는 시대로 변화했습니다.
새로운 여행지를 발굴하고 편안하고
즐거운 여행을 만들어줄 가이드북을 소개합니다.

일상에서 조금 비켜나 나를 발견할 수 있는 여행은
오감을 통해 여행기록TRAVEL LOG으로 남을 것입니다.

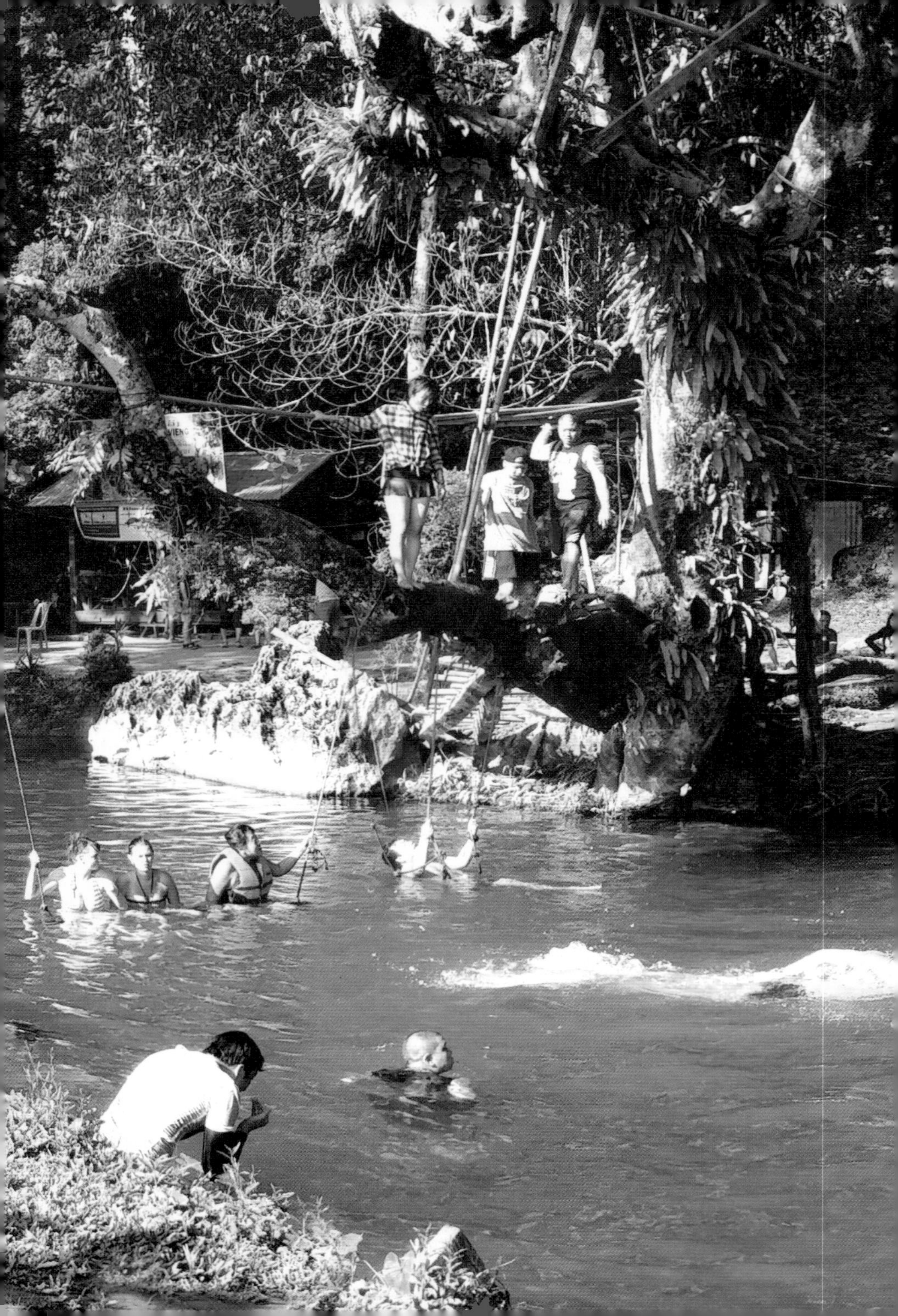

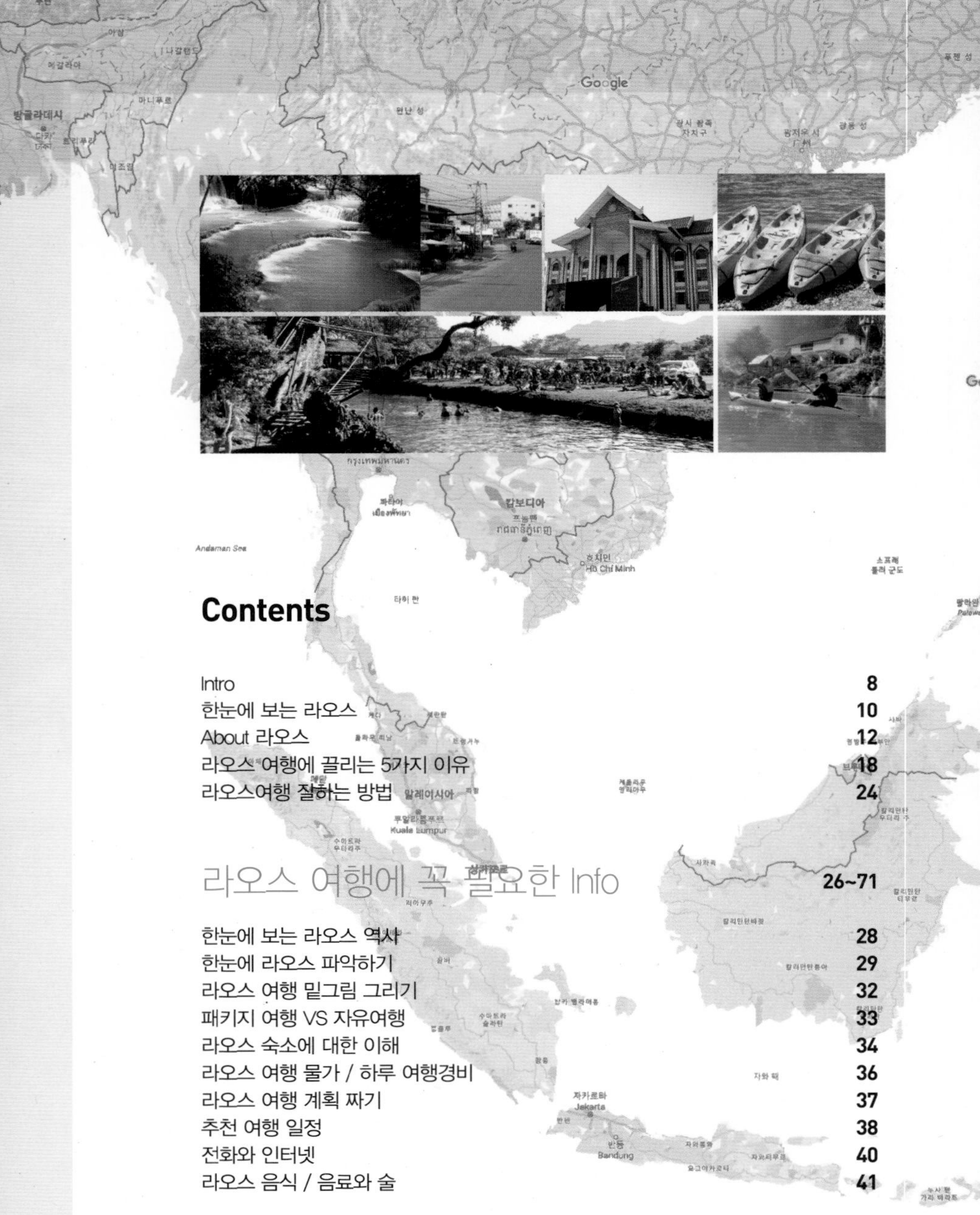

Contents

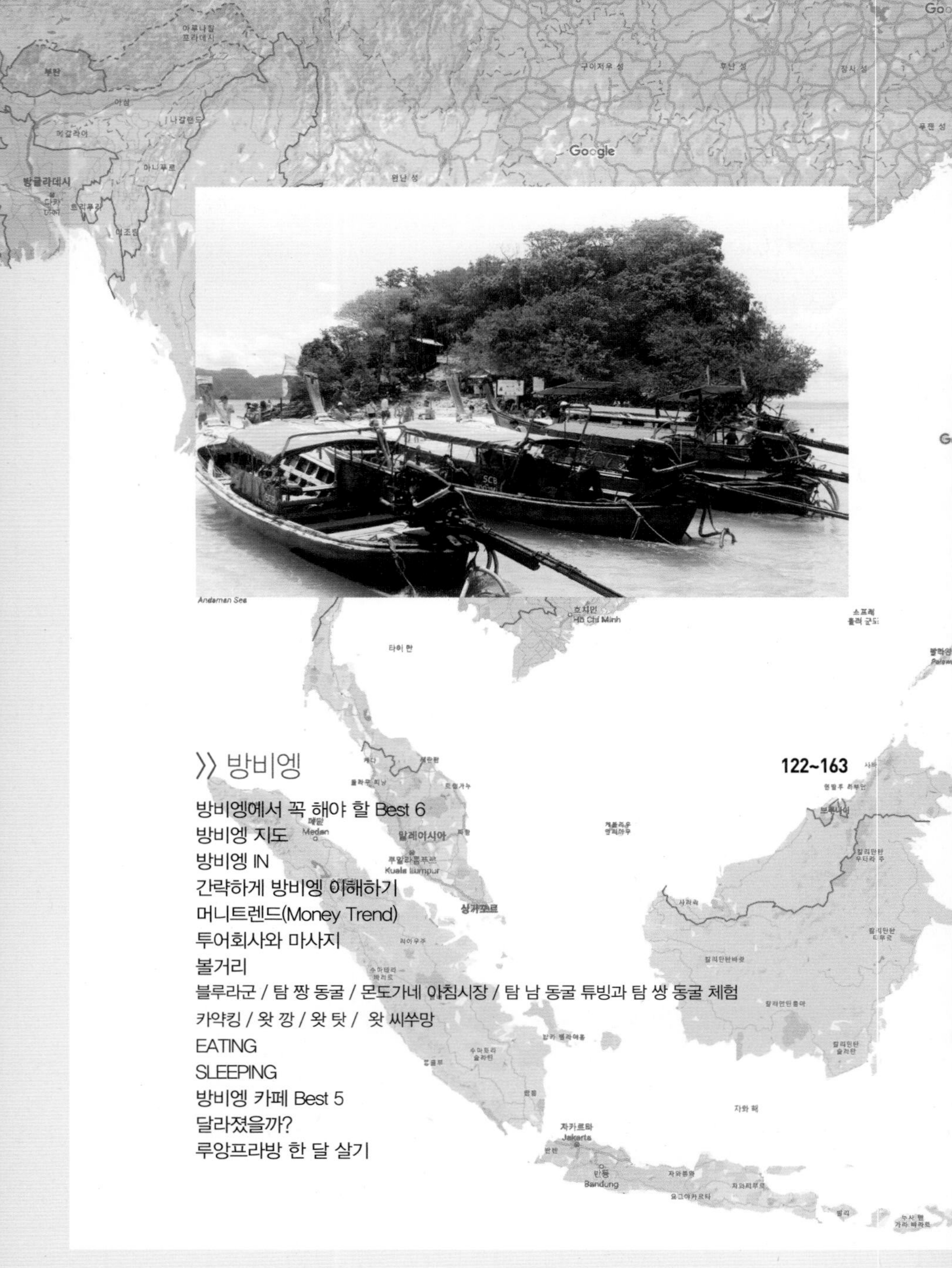
방글라데시
Google
Andaman Sea
호치민
Ho Chi Minh
Medan
말레이시아
Kuala Lumpur
싱가포르
자카르타
Jakarta
Bandung
크리스마스섬

〉〉 방비엥

〉〉 루앙프라방

Intro

쉬어가는 여행

라오스Laos로 여행을 간다면 대단히 멋진 건축물과 도시로 찾아가는 여행은 아니다. 공놀이, 독서를 하거나 잔디에 누워 쉬고 부처 공원에서 바쁜 일상은 잠시 잊고 지친 마음을 충전해 볼 수 있는 여행을 하기 위한 나라이다.

대략 200,000명의 인구를 가진 라오스의 수도는 비엔티엔Vientiane이다. 라오스의 역사를 한눈에 알 수 있는 라오 국립박물관에 갈 수도 있고 파탓루앙, 왓 씨 사켓 같은 종교적 장소에서 고요한 분위기를 느껴볼 수 있다. 왓 프라깨우 와 왓 씨 무앙도 인기가 높은 유명한 종교 건축물이다. 비엔티안의 오늘을 있게 한 과거 인물들을 기리는 기념물을 보러 빠 뚜 싸이에 갈 수 있다. 빠 뚜 싸이와 차오 파 응엄 동상에서 비엔티안의 현재에 대해 한번 생각해 볼 수 있다. 쇼핑을 싶다면, 탈랏 사오, 반 야노우 야시장에 방문하면 된다.

활동적인 자연을 느끼고 싶다면 방비엥Vang Vièng으로 찾아가면 된다. 아주 작은 마을인 방비엥은 아침부터 북적인다. 다들 카약킹이나 튜빙을 즐기고 블루라군에서 다이빙과 수영을 한다. 낮의 엑티비티로 피곤한 몸을 저녁에는 풍족한 저녁식사로 마무리하는 방비엥Vang Vieng은 배낭여행지로 라오스를 알리는 데 일조를 했다.

아무 것도 안하고 유유자적 쉬고 싶다면 루앙프라방으로 가면 된다. 라오스 북부에 있는 루앙프라방은 전통 라오스문화가 유럽의 건축 양식과 융합된 것으로 유명하다. 루앙프라방은 전통 라오스 건축과 유럽 미학이 조화를 이루어 유네스코 세계문화유산으로 등재되어 있다. 도시를 둘러보면서 아름답게 보존된 19세기부터 20세기 건축물을 구경하거나 외곽에 있는 자연 관광지를 찾아가도 된다.

일찍 일어났다면 새벽에 사카라인 거리Sakkaline Road로 걸어가 탁발에 참여하면 후회가 없을 것이다. 매일 아침, 도시의 승려들은 이 길을 따라 걸으면서 무릎을 꿇은 현지인과 관광객들이 시주하는 쌀을 탁발해 간다. 평화롭고 경건한 전통에 참여할 수 있는 것은 마음을 경건하게 하는 특권이다.

호화로운 과거로 시간 여행을 떠난다면 호 캄Haw Kham으로 가보자. 이 왕궁은 프랑스 식민지 시대였던 1904년에 지어졌다. 잘 손질된 경내와 별채를 구경하고 접견실과 주거시설을 둘러볼 수도 있다. 궁전의 알현실에는 라오스의 왕관 보석을 보관하고 있다. 다른 곳에는 순회 전시물과 설치 미술이 전시되어 있다.

골든 시티 사원, 왓 시엥 통Wat Xieng Thong도 절대 놓쳐서는 안 되는 곳이다. 도시의 북쪽 반도에 위치한 불교 사원은 20여 개의 구조물과 푸르른 정원으로 이루어져 있다. 주 법당의 황금 외벽은 절경을 이룬다.

루앙프라방의 외곽에는 대표적인 꽝시 폭포가 가진 자연의 아름다움은 압도적이다. 연속되는 작은 청록색 웅덩이로 웅장한 삼단 폭포에서 쏟아진 물이 흘러내린다. 대부분의 웅덩이는 수영장으로 개방되어 있다. 또한 팍우 동굴은 2개의 바위 동굴이 메콩 강을 내려다보고 있다. 동굴 벽을 따라 줄지어 있는 선반 위에 놓여 있는 수백 개의 소형 불상을 볼 수 있다.

한눈에 보는 라오스

- **국명** | 라오스 인민 민주 공화국Lao People's Democratic Republic
- **정부형태** | 사회주의 공화국 / 사회주의 단원제
- **인구** | 약 667만 명
- **면적** | 약 24만 km2(한반도와 비슷함)
- **수도** | 비엔티엔Vientiane
- **종교** | 불교
- **화폐** | 낍Kip
- **언어** | 라오 어
- **인종** | 라오족, 라오퉁족
- **환율** | 1달러=약 8040Kip / 10,000Kip=약1,400원
- **국가번호** | +856
- **비자** | 무비자15일 체류가 가능
- **시차** | 우리나라보다 2시간 느리다(서머타임 기간에는 7시간)
- **전압** | 200V(콘센트 모양 동일)

간단한 라오스 역사

1300년대 초	여래 개의 도시 국가
1353년	최초의 통일 왕국 '란쌍 왕국' 건국
1713년	세 개의 나라로 분열
1893년	프랑스의 지배
1954년	라오스 왕국으로 독립
1975년	사회주의 정부 수립

라오스 공휴일

1월 1일	신년
1월 6일	라오기념일
1월 20일	인민군 창설 기념일
3월 8일	국제 여성의 날
4월 14일~16일	라오스 신년 축제
5월 1일	노동기념일
6월 1일	어린이 날
8월 13일	라오 이싸라 기념일
10월 12일	해방기념일
12월 2일	국경절

About 라오스

때 묻지 않은 자연을 간직한 나라

라오스는 험한 산맥과 깊은 계곡, 울창한 숲으로 이루어진 산악 국가이다. 북부지방은 지형이 험해서 사람이 많이 살지 않고 개발도 이루어지지 않았다. 아직도 사람들이 접근하기 힘든 곳이 많다. 워낙 자연의 모습을 그대로 간직한 라오스는 점점 더 많은 관심을 받고 있다.

열대의 밀림이 덮고 있는 울퉁불퉁한 산지

라오스는 동남아시아 나라 가운데 유일하게 바다와 맞닿아 있지 않은 나라이다. 중국, 태국, 베트남, 캄보디아, 미얀마에 둘러싸여 있다. 국토가 산, 구릉, 고원으로 이루어져 울퉁불퉁하고 험하다. 날씨는 덥고 습해서 열대의 숲이 무성하게 온 땅을 덮고 있다. 이러한 지형 때문에 라오스는 교통이 발달하지 못했고 개발되지 않은 곳이 많다. 인구도 적은 편이다. 하지만 개발이 더딘 만큼 자연이 훼손되지 않아 사람들은 라오스를 지구의 마지막 에덴동산이라고 부른다. 산악 지대가 대부분인 라오스에서 유일하게 낮은 땅이 있다. 바로 라오스 남서쪽에 있는 메콩 강 주변이다. 이곳은 그리 넓지는 않지만 땅이 기름져서 많은 사람이 모여 산다.

벼농사를 짓는 메콩 강 주변

라오스 사람들은 대부분 농사를 지어 생활을 꾸려 나간다. 하지만 산악 지대인 라오스에는 농사지을 땅이 그리 많지 않다. 그래서 많은 사람들이 지대가 낮은 메콩 강 주변에 모여 산다. 메콩 강 주변 지역은 강이 넘치면서 만들어 낸 땅이 기름지고 물이 풍부해 벼농사를 짓기에 아주 좋기 때문이다. 농사짓기 어려운 산악 지역에는 사람들이 많이 살지 않는다. 이 지역에 사는 사람들은 산에 불을 놓아 농사지을 땅을 힘겹게 마련했다. 그곳에서 벼, 옥수수, 면화, 담배 등을 키운다. 라오스는 농업 말고는 다른 산업이 발달하지 못했다. 바다가 없는 내륙 국가인데다 산림이 울창하고 지형이 험해서 교통이 발달하지 못했기 때문이다. 인구가 적어 일할 사람이 부족한 것도 산업 발달을 어렵게 했다.

부처님을 믿으며 소박하게 사는 사람들

높고 험한 산지에서 생활하는 라오스 사람들은 자연을 공경하고 자연에 순응하며 살았다. 라오스 사람들이 믿는 불교 역시 독특하다. 이곳의 불교는 자연물에 영혼이 깃들어 있다는 정령 신앙과 결합되어 있다. 불교는 고립된 환경에서 촌락 생활을 해 온 사람들의 생각에 많은 영향을 끼쳤다. 그리고 불교 사원은 촌락 생활의 중심이 되었다. 사원은 마을에서 가장 눈에 잘 띄는 곳에 자리하고 있다. 이곳은 종교적인 역할 외에도 주민들을 교육하고, 각종 의식이나 축제 등이 이루어지는 공간이다. 라오스 사람들은 종교적인 깨달음을 얻기 위한 노력을 가치 있는 일로 여긴다.

라오스에 가야하는 5가지

순수한 자연경관

라오스는 아직 개발이 안 된 나라이다. 동남아시아를 여행하더라도 관광객들이 벌써 점령해버린 다른 나라들과 다르게, 라오스에는 어디를 가나 순수하게 보존되어 있는 자연경관을 보게 된다. 그래서 다양한 경치를 감상할 수 있다. 아직은 한정된 장소만 여행하는 라오스이지만 찾을수록 더욱 많은 라오스를 알게 될 것이다.

너무 깨끗한 사람들

라오스 사람들은 깨끗하다. 다른 나라 사람들은 지저분한 모습이고 라오스 사람들이 깨끗해서가 아니라, 너무 순수해 사람들의 영혼이 깨끗한 모습으로 보인다. 관광객들이 늘어나고 발전이 되면, 사람들의 순수함이 사라질까 두려울 때가 있다.

아웃도어와 캠핑천국

라오스에서 영어를 못할까봐 길을 물어본다거나 어려움이 생겨 물어볼 때도 두려워할 필요가 없다. 친절하게 알려주고 영어를 모르면 영어를 아는 사람을 찾아 알려주는 사람들이니, 두려움없이 친근하게 다가가서 물어보고 순수한 사람들과의 만남을 즐겨보자.

안전한 라오스

순수한 사람들이 사는 곳이 라오스이기 때문에 당연히 안전하다. 여행을 하다보면 안전에 민감해지는 나라도 있지만 라오스는 밤길에서도 두렵지 않다. 다만 불꺼진 곳을 다닐 때는 무서울 때가 가끔씩 있다.

다양한 즐거움이 있다.

라오스는 다른나라에 흔한 놀이동산도 없다. 놀이동산이 없어도, 라오스 곳곳에는 놀이동산보다 다이나믹한 즐거움이 곳곳에 있다. 만들어진 즐거움이 아니라 자연의 즐거움이 당신을 빠져들게 할 것이다.

불편하지만 편리한 여행서비스

라오스는 아직 발전이 이루어진 나라가 아니라서 환전도 불편하고 신용카드를 사용할때도 불편하지만, 여행하기가 편하도록 한 곳에 몰려있는 여행자거리가 조성되어 조금만 걸어다니면 원하는 여행을 할 수 있다. 와이파이(Wifi)는 숙소에서는 사용이 가능한 곳이 많아 연락하기도 좋다.

라오스 여행 잘하는 방법

1. 도착하면 루앙프라방으로 이동할지 비엔티엔으로 이동할지 결정해야 한다.

어떤 도시에 도착하던지 미리 루앙프라방에서 비엔티엔으로 내려오면서 여행을 할지, 아니면 비엔티엔에서 루앙프라방으로 올라가면서 여행을 할지 결정해야 한다. 요즈음 대부분은 루앙프라방으로 이동하여 비엔티엔으로 내려오면서 여행하는 것이 대세이다.

2. 심카드나 무제한 데이터를 활용하자.

루앙프라방에서 비엔티엔으로 내려오면서 여행을 하거나 비엔티엔에서 구글맵이 있으면 쉽게 숙소도 찾을 수 있어서 스마트폰의 필요한 정보를 활용하려면 데이터가 필요하다. 심카드를 사용하는 것은 매우 쉽다. 공항에서 심카드를 구입해 스마트폰에 끼우기만 하면 쓸 수 있다. 아니면 미리 무제한 데이터를 신청해 사용하는 것도 좋은 방법이다. 야 한다.

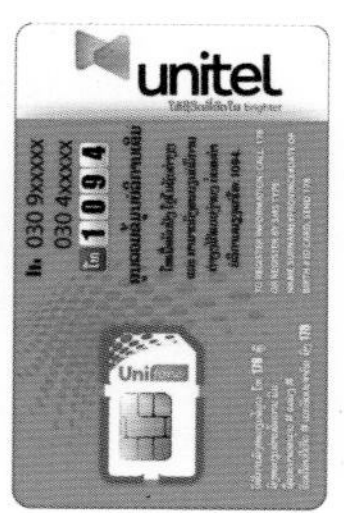

3. 달러를 '낍(Kip)'로 환전해야 한다.

공항에서 환전해도 되지만 시내에 환전소가 많아 공항에서 환전을 안 해도 된다. 공항에서 필요한 돈을 환전하여 가고 전체 금액을 환전하기 싫다고 해도 일부는 환전하면 편하다. 시내 환전소에서 환전하는 것이 더 저렴하다는 이야기도 있지만 금액이 크지 않을 때에는 큰 금액의 차이가 없다.

4. 버스에 대한 간단한 정보를 갖고 출발하자.

루앙프라방에서 방비엥, 방비엥에서 비엔티엔까지 버스를 많이 이용하기 때문에 버스가 중요한 시내교통수단이다. 미리 버스 시간을 확인을 해두는 것이 도시 이동에 문제가 발생하지 않는다. 다만 렌트카를 이용해 여행하는 것은 추천하지 않는다. 운전이 험하고 표지판을 보아도 어디인지 알 수 없어 렌트카로 원하는 곳을 찾기가 쉽지 않아 제한이 있을 수 있다.

5. '관광지 한 곳만 더 보자는 생각'은 금물

라오스는 쉽게 갈 수 있는 해외여행지이다. 물론 사람마다 생각이 다르겠지만 평생 한번만 갈 수 있다는 생각을 하지 말고 여유롭게 관광지를 보는 것이 좋다. 한 곳을 더 본다고 여행이 만족스럽지 않다. 자신에게 주어진 휴가기간 만큼 행복한 여행이 되도록 여유롭게 여행하는 것이 좋다. 한 곳을 덜 보겠다는 심정으로 여행한다면 오히려 더 여유롭게 여행을 하고 만족도도 더 높을 것이다.

6. 에티켓을 지키는 여행으로 현지인과의 마찰을 줄이자.

현지에 대한 에티켓을 지키지 않든지 몰라서 대한민국에 대한 인식이 좋지 않아지고 있다. 라오스 인에 대해 에티켓을 지켜야 하는 것이 먼저다.

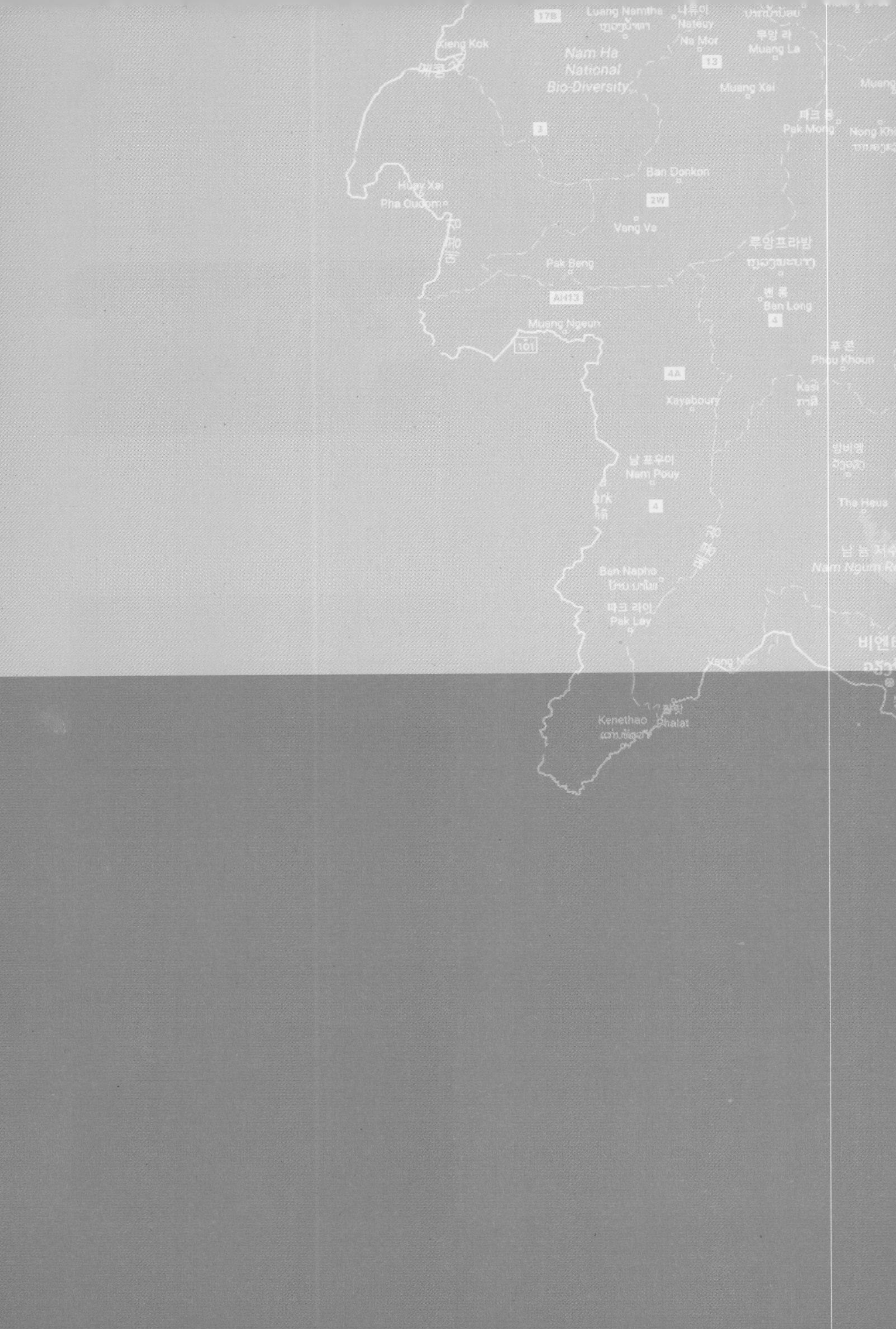

17B
Luang Namtha
나튜이
Nateuy
Na Mor
무앙 라
Muang La
Kieng Kok
Nam Ha
National
Bio-Diversity
13
Muang Xai
3
파크 몽
Pak Mong
Ban Donkon
Huay Xai
Pha Oudom
2W
Vang Va
루앙프라방
Pak Beng
AH13
벤 롱
Ban Long
4
Muang Ngeun
101
푸 콘
Phou Khoun
4A
Kasi
Xayaboury
방비엥
낭 포우이
Nam Pouy
4
Tha Heua
Ban Napho
파크 라이
Pak Lay
Kenethao
Phalat

라오스 여행에 꼭 필요한 INFO

한눈에 파악하는 라오스 역사

13세기

라오스는 오랫동안 타이-카다이 계통의 산, 시암 라오 족을 비롯해 많은 작은 부족들이 이주해와 살던 곳이다. 처음으로 라소스 연합체인 메앙Meuang은 몽고 황제 쿠빌라이칸이 남서 중국을 침입한 직후인 13세기에 통일을 이루었다.

14세기 중반

크메르 왕국의 원조를 받은 라오스 장군인 파응움이 루앙프라방 주변의 메앙들의 커다란 연합체를 기반으로 하여 란상 왕국을 세웠다. 왕국은 14~15세기에 번영을 구가했지만 주변 국가들의 위협과 내부 분란으로 위기를 겪었다.

17세기

란상 왕국은 서로 적대시하는 3개의 왕국으로 쪼개졌는데 각 왕국의 중심지는 루앙프라방, 비엔티엔, 참파삭이었다.

18세기

대부분의 라오스 지역은 태국의 속국이 되었지만 베트남에서 조공을 바치라는 압력도 있었다. 두 나라에 조공을 바치는 것도 불가능했고 원하지도 않았던 라오스는 1820년대 시앙 왕국과 전쟁을 치렀다. 도전은 불발로 끝이 났고 그 겨로가 3개의 왕국은 모두 태국의 지배를 받게 되었다.

19세기 중반

프랑스는 베트남 왕국이었던 통킹과 안남에 프랑스 인도차이나 령을 세웠다. 1893년 프랑스와 시암은 라오스를 프랑스의 보호아래 두는 조약을 체결했다.

2차 세계대전

일본이 인도차이나를 점령하고 라오스의 레지스탕스 그룹인 라오이사라가 전쟁이 끝난 후 라오스가 프랑스에 다시 점령당하는 것을 방지하기 위해 투쟁을 지속하였다.

1964~1973년

동부 라오스에 있는 호치민 루트에 대해 폭격을 시작하면서 왕권파인 비엔티엔 정부와 공산주의자 사이에 투쟁은 가열되었다.

한눈에 라오스 여행 파악하기

라오스Laos로 여행은 대단히 멋진 건축물과 도시로 찾아가는 여행이 아니다. 공놀이, 독서를 하거나 잔디에 누워 쉬고 부처 공원에서 바쁜 일상은 잠시 잊고 지친 마음을 충전해 볼 수 있는 여행을 하기 위한 나라이다.

대략 200,000명의 인구를 가진 라오스의 수도는 비엔티엔Vientiane이다. 라오스의 역사를 한눈에 알 수 있는 라오 국립박물관에 갈 수도 있고 파탓루앙, 왓 씨 사켓 같은 종교적 장소에서 고요한 분위기를 느껴볼 수 있다. 왓 프라깨우 와 왓 씨 무앙도 인기가 높은 유명한 종교 건축물이다. 비엔티안의 오늘을 있게 한 과거 인물들을 기리는 기념물을 보러 빠 뚜 싸이에 갈 수 있다. 빠 뚜 싸이와 차오 파 응엄 동상에서 비엔티안의 현재에 대해 한번 생각해 볼 수 있다. 쇼핑을 싶다면, 탈랏 사오, 반 야노우 야시장에 방문하면 된다.

활동적인 자연을 느끼고 싶다면 방비엥Vang Vieng으로 찾아가면 된다. 아주 작은 마을인 방비엥은 아침부터 북적인다. 다들 카약킹이나 튜빙을 즐기고 블루라군에서 다이빙과 수영을 한다. 낮의 엑티비티로 피곤한 몸을 저녁에는 풍족한 저녁식사로 마무리하는 방비엥Vang Vieng은 배낭여행지로 라오스를 알리는 데 일조를 했다.

아무 것도 안하고 유유자적 쉬고 싶다면 루앙프라방으로 가면 된다. 라오스 북부에 있는 루앙프라방은 전통 라오스문화가 유럽의 건축 양식과 융합된 것으로 유명하다. 루앙프라방은 전통 라오스 건축과 유럽 미학이 조화를 이루어 유네스코 세계문화유산으로 등재되어 있다. 도시를 둘러보면서 아름답게 보존된 19세기부터 20세기 건축물을 구경하거나 외곽에 있는 자연 관광지를 찾아가도 된다.

일찍 일어났다면 새벽에 사카라인 거리Sakkaline Road로 걸어가 탁발에 참여하면 후회가 없을 것이다. 매일 아침, 도시의 승려들은 이 길을 따라 걸으면서 무릎을 꿇은 현지인과 관광객들이 시주하는 쌀을 탁발해 간다. 평화롭고 경건한 전통에 참여할 수 있는 것은 마음을 경건하게 하는 특권이다.

호화로운 과거로 시간 여행을 떠난다면 호 캄Haw Kham으로 가보자. 이 왕궁은 프랑스 식민지 시대였던 1904년에 지어졌다. 잘 손질된 경내와 별채를 구경하고 접견실과 주거시설을 둘러볼 수도 있다. 궁전의 알현실에는 라오스의 왕관 보석을 보관하고 있다. 다른 곳에는 순회 전시물과 설치 미술이 전시되어 있다.

골든 시티 사원, 왓 시엥 통Wat Xieng Thong도 절대 놓쳐서는 안 되는 곳이다. 도시의 북쪽 반도에 위치한 불교 사원은 20여 개의 구조물과 푸르른 정원으로 이루어져 있다. 주 법당의 황금 외벽은 절경을 이룬다.

루앙프라방의 외곽에는 대표적인 꽝시 폭포가 가진 자연의 아름다움은 압도적이다. 연속되는 작은 청록색 웅덩이로 웅장한 삼단 폭포에서 쏟아진 물이 흘러내린다. 대부분의 웅덩이는 수영장으로 개방되어 있다. 또한 팍우 동굴은 2개의 바위 동굴이 메콩강을 내려다보고 있다. 동굴 벽을 따라 줄지어 있는 선반 위에 놓여 있는 수백 개의 소형 불상을 볼 수 있다.

라오스 여행 밑그림 그리기

우리는 여행으로 새로운 준비를 하거나 일탈을 꿈꾸기도 한다. 여행이 일반화되기도 했지만 아직도 여행을 두려워하는 분들이 많다. 라오스는 힐링 여행지이다. 꽃보다 청춘, 라오스가 방송된 이후로 한국인 관광객은 급격하게 늘어났다가 지금은 진정세에 있어서 다시 힐링 여행지로 돌아왔다. 그러나 어떻게 여행을 해야 할지부터 걱정을 하게 된다. 아직 정확한 자료가 부족하기 때문이다. 지금부터 라오스 여행을 쉽게 한눈에 정리하는 방법을 알아보자. 라오스 여행준비는 절대 어렵지 않다. 단지 귀찮아 하지만 않으면 된다.

일단 관심이 있는 사항을 적고 일정을 짜야 한다. 처음 해외여행을 떠난다면 라오스 여행도 어떻게 준비할지 몰라 당황하게 된다. 먼저 어떻게 여행을 할지부터 결정해야 한다. 아무것도 모르겠고 준비를 하기 싫다면 패키지여행으로 가는 것이 좋다. 라오스 여행은 주말을 포함해 2박3일, 3박4일, 4박5일 여행이 가장 일반적이고 찾는 도시도 비엔티엔, 방비엥, 루앙프라방의 3개 도시에 한정되어 있다. 해외여행이라고 이것저것 많은 것을 보려고 하는 데 힘만 들고 남는 게 없는 여행이 될 수도 있으니 욕심을 버리고 준비하는 게 좋다. 여행은 보는 것도 중요하지만 같이 가는 여행의 일원과 같이 잊지 못할 추억을 만드는 것이 더 중요하다.

다음을 보고 전체적인 여행의 밑그림을 그려보자.

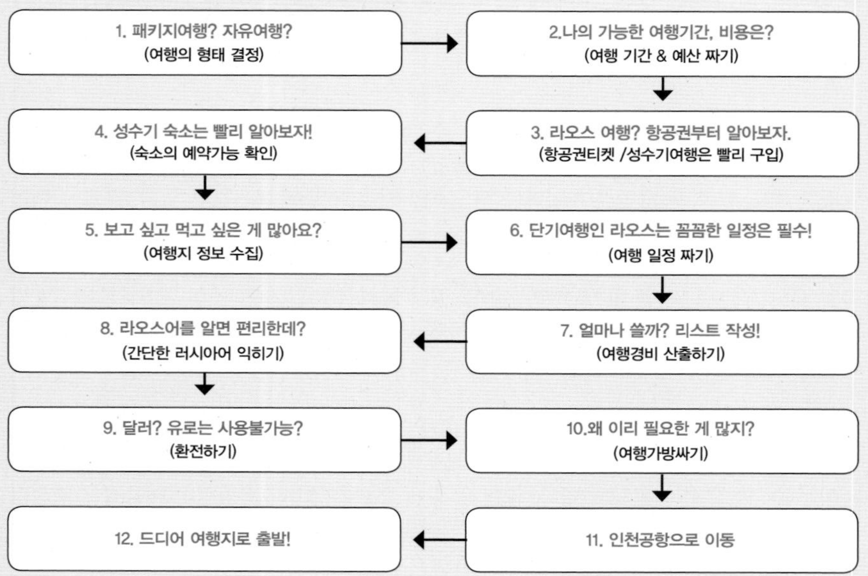

결정을 했으면 일단 항공권을 구하는 것이 가장 중요하다. 전체 여행경비에서 항공료와 숙박이 차지하는 비중이 가장 크지만 너무 몰라서 낭패를 보는 경우가 많다. 평일이 저렴하고 주말은 비쌀 수밖에 없다. 저가항공인 제주항공과 진에어부터 확인하면 항공료, 숙박, 현지경비 등 편리하게 확인이 가능하다.

패키지여행 VS 자유여행

라오스로 여행을 가려는 여행자가 항상 많았다. 하지만 누구나 고민하는 것은 여행정보는 어떻게 구하지? 라는 질문이다. 2015년만 해도 라오스에 대한 정보가 매우 부족한 상황이었다. 그래서 처음으로 라오스를 여행하는 여행자들은 패키지여행을 선호하였다.
20~30대 여행자들이 늘어남에 따라 패키지보다 자유여행을 선호하고 있다. 대한민국에서 가장 힐링이 가능한 동남아 관광지이다 보니 주말을 이용한 1박2일도 있고 4박5일의 패키지여행자 등 새로운 형태의 여행형태가 늘어나고 있다. 이들은 친구들과 여행하면서 단기여행을 즐기고 있다.

편안하게 다녀오고 싶다면 패키지여행

라오스 여행을 가고 싶은데 정보가 없고 나이도 있어서 무작정 떠나는 것이 어려운 여행자들은 편안하게 다녀올 수 있는 패키지여행을 선호한다. 효도관광, 동호회, 동창회에서 선호하는 형태로 여행일정과 숙소까지 다 안내하니 몸만 떠나면 된다.

연인끼리, 친구끼리, 가족여행은 자유여행 선호

1박2일, 2박3일, 3박4일로 저렴하게 유럽여행을 다녀오고 싶은 여행자는 패키지여행을 선호하지 않는다. 특히 동남아여행을 다녀온 여행자는 라오스에서 자신이 원하는 관광지와 맛집을 찾아서 다녀오고 싶어 한다.
여행지에서 원하는 것이 바뀌고 여유롭게 이동하며 보고 싶고 먹고 싶은 것을 마음대로 찾아가는 연인, 친구, 가족의 여행은 단연 자유여행이 제격이다. 지금은 비엔티엔, 방비엥, 루앙프라방만을 보고 오는 여행자가 대부분이다.

라오스 숙소에 대한 이해

라오스 패키지여행이라면 숙소에 대한 자유는 없다. 대부분은 여행사가 연계된 호텔에서 묶는다. 라오스 여행이 처음이고 자유여행이면 숙소예약이 의외로 쉽지 않다. 자유여행이라면 숙소에 대한 선택권이 크지만 선택권이 오히려 난감해질 때가 있다. 라오스 숙소의 전체적인 이해를 해보자.

1. 라오스는 각 도시마다 여행자거리가 있다. 시내에서 관광객은 여행자 거리가 주요 관광지가 몰려있어서 숙박의 위치가 중요하다. 시내에서 떨어져 있다면 짧은 여행에서 이동하는 데 시간이 많이 소요되어 좋은 선택이 아니다. 반드시 먼저 여행자거리가 어디에 있는지 먼저 확인하자.

2. 라오스 숙소는 몇 년 전만해도 호텔과 게스트하우스가 전부였다. 하지만 에어비앤비를 이용한 아파트도 있고 다양한 숙박 예약 앱도 생겨났다. 가장 먼저 고려해야 하는 것은 자신의 여행비용이다. 항공권을 예약하고 남은 여행경비가 2박3일에 20 만원 정도라면 게스트하우스를 이용하라고 추천한다. 비엔티엔, 방비엥, 루앙프라방에는 많은 게스트하우스가 최근에 신축되어 게스트하우스도 시설에 따라 가격이 조금 달라진다. 한국인이 많이 가는 호스텔로 선택하면 문제가 되지는 않을 것이다.

3. 호텔은 비엔티엔에 다양한 등급이 있어서 호텔의 비용도 5~25만 원 정도로 다양하다. 호텔의 비용은 우리나라호텔보다 저렴하지만 룸 내부의 사진을 확인하고 선택하는 것이 좋다.

알아두면 좋은 라오스 호텔 이용 팁(Tip)

1. 미리 예약해야 싸다.
일정이 확정되고 호텔에서 머물겠다고 생각했다면 먼저 예약해야 한다. 임박해서 예약하면 같은 기간, 같은 객실이어도 비싼 가격으로 예약을 할 수 밖에 없다.

2. 반드시 후기를 참고하자.
호텔의 선택이 고민스러우면 숙박예약 사이트에 나온 후기를 잘 읽어본다. 특히 한국인은 까다로운 편이기에 후기도 우리에게 적용되는 면이 많으니 장, 단점을 파악해 예약할 수 있다.

3. 미리 예약해도 무료 취소기간을 확인해야 한다.
미리 호텔을 예약하고 있다가 나의 여행이 취소되든지, 다른 숙소로 바꾸고 싶을 때에 무료 취소가 아니면 환불 수수료를 내야 한다. 그러면 아무리 할인을 받고 저렴하게 호텔을 구해도 절대 저렴하지 않으니 미리 확인하는 습관을 가져야 한다.

4. 냉장고와 에어컨을 확인하자.
라오스는 더운 나라이기 때문에 에어컨이 대부분 있지만 간혹 저렴한 호텔이나 게스트하우스에는 에어컨이 없는 경우가 있다. 라오스는 여름에 더운 날이 많아 특히 여름에는 냉장고가 있는지 확인하여야 고생하지 않는다.

4. 라오스에서 에어비앤비를 이용해 아파트를 이용하는 경우는 많지 않지만 오랫동안 머무려는 여행자가 선택한다. 시내에서 얼마나 떨어져 있는지를 확인하고 숙소에 도착해 어떻게 주인과 만날 수 있는지 전화번호와 아파트에 도착할 수 있는 방법을 정확히 알고 출발해야 한다. 아파트에 도착했어도 주인과 만나지 못해 아파트에 들어가지 못하고 1~2시간만 기다리면 화도 나고 기운도 빠지기 때문에 여행이 처음부터 쉽지 않아진다.

숙소 예약 사이트

부킹닷컴(Booking.com)
에어비앤비와 같이 전 세계에서 가장 많이 이용하는 숙박 예약 사이트이다. 라오스에도 많은 숙박이 올라와 있다.

Booking.com
부킹닷컴
www.booking.com

에어비앤비(Airbnb)
전 세계 사람들이 집주인이 되어 숙소를 올리고 여행자는 손님이 되어 자신에게 맞는 집을 골라 숙박을 해결한다. 어디를 가나 비슷한 호텔이 아닌 현지인의 집에서 잠을 자도록하여 여행자들이 선호하는 숙박 공유 서비스가 되었다.

에어비앤비
www.airbnb.co.kr

라오스 여행 물가

라오스 여행에서 큰 비중을 차지하는 것은 항공권과 숙박비이다. 항공권은 저가항공인 제주항공이 왕복 30만 원대부터 대한항공의 60만 원대까지 있다. 숙박은 저렴한 게스트하우가 2박에 원화로 2만 원대부터 있어서 항공권만 빨리 구입해 저렴하다면 숙박비는 큰 비용이 들지는 않는다. 하지만 좋은 호텔에서 머물고 싶다면 더 비싼 비용이 들겠지만 다른 동남아 지역보다 호텔의 비용은 저렴한 편이다.

▶**왕복 항공료** : 30~68만원 ▶**숙박비(1박)** : 2~20만원

▶**한끼 식사** : 1천~2만원 ▶**교통비** : 1~2만원

구분	세부품목	1박 2일	2박 3일
항 공 권	저가항공, 대한항공	300,000~690,000원	
공항이동	택시나 뚝뚝이	약 2,600~10,000원	
숙 박 비	게스트하우스, 호텔	22,000~200,000원	33,000~350,000원
식 사 비	한 끼	1,000~10,000원	
시내교통	뚝뚝이, 자전거	1,000~5,000원	
입 장 료	박물관 등 각종 입장료	2,000~8,000원	
		약 370,000원~	약 390,000원

하루 여행경비

라오스는 개발이 거의 진행되지 않은 국가라서 물가는 다른 동남아시아에 비해 싸다. 하지만 겨울 성수기에 평소에 비해 2배정도로 숙박비가 상승하는 경우도 있다. 그렇다고 해서 대단히 비싼 물가는 아니기 때문에 여행경비가 많이 들어가지 않아 라오스는 언제가 여행하기가 편하다. 호텔중에는 10만원 이상의 고급 호텔이나 리조트도 있어 개인마다 여행경비는 다를 수 있다.

구 분	세부 목록	하루 경비
숙 박 비	호텔, 민박	5천원~ 3만원
식 사 비	아침 : 커피+빵 점심 : 피자 저녁 : 레스토랑	1만원~
교 통 비	시내 버스비	거의 사용하지 않음
입 장 료	각종 입장료	5천원~
1일 여행경비		2만원~

라오스 여행 계획 짜기

1. 주중 or 주말

라오스 여행도 일반적인 여행처럼 비수기와 성수기가 있고 요금도 차이가 난다. 주말과 주중 요금도 차이가 있다. 보통 주중은 일, 월, 화요일을, 주말은 목, 금, 토, 일요일을 뜻한다. 비수기나 주중에는 할인 혜택이 있어 저렴한 비용으로 조용하고 쾌적한 여행을 할 수 있다. 주말과 국경일을 비롯해 여름 성수기에는 항상 관광객으로 붐빈다. 황금연휴나 여름 휴가철 성수기에는 몇 달 전부터 항공권이 매진되는 경우가 허다하다.

2. 여행기간

라오스 여행을 안 했다면 "라오스에 뭐 볼게 있겠어? 1박2일이면 충분하지?"라는 말을 할 수 있다. 하지만 라오스여행은 아직도 인기여행지이다. 그만큼 여행자에게 인기가 높기 때문에 2박3일의 여행일정으로는 모자란 관광명소가 된 나라가 라오스이다.
라오스 여행은 대부분 3박4일~4박5일이 많지만 라오스의 깊숙한 면까지 보고 싶다면 일주일은 필요하다.

3. 숙박

성수기가 아니라면 라오스의 숙박은 절대 비싸지 않다. 숙박비는 저렴하고 가격에 비해 시설은 나쁘지 않다. 여름이나 겨울의 성수기에는 숙박은 미리 예약을 해야 문제가 발생하지 않는다. 조식이 포함된 호텔이 많지만 라오스 도시의 시내에는 저렴한 식사를 할 식당이 많아 조식을 포함시키지 않아도 된다.

4. 어떻게 여행 계획을 짤까?

먼저 여행일정을 정하고 항공권과 숙박을 예약해야 한다. 여행기간을 정할 때 얼마 남지 않은 일정으로 계획하면 항공권과 숙박비는 비쌀 수밖에 없다. 특히 라오스처럼 저가항공으로 가려고 하는 여행자가 저렴한 항공권이 없다면 더욱 비용이 상승한다. 저가항공이 제주항공과 진에어, 티웨이 항공이 취항하고 있으니 저가항공을 잘 활용한다. 숙박시설도 호스텔로 정하면 비용이 저렴하게 지낼 수 있다. 유심이 잘 작동하지 않는 경우가 있으니 무제한 데이터를 사용하면 쉽게 이용이 가능하다.

5. 식사

하루에 한번은 제대로 식사를 하고 라오스 인들처럼 저렴하게 한 끼 식사를 하면 적당하다. 시내의 관광지는 거의 걸어서 다닐 수 있기 때문에 교통비는 외곽의 관광명소를 갈 때 뚝뚝이로 갈 때만 교통비가 나온다.

추천 여행 일정

4박 5일 라오스 지도에 비엔티엔(1) → 루앙프라방(2~3) → 방비엥(4) → 비엔티엔(5)

일반적인 패키지 여행코스

저가항공을 이용해 33만 원정도의 비용으로 주말을 이용해 다녀온다면 시내만을 집중적으로 둘러봐야 한다. 도착하는 날에 밤에 도착하기 때문에 택시를 이용해 시내로 들어가야 한다. 숙소는 시내에 정하여 걸어서 다닐 수 있어야 한다. 여행자거리에 숙소를 예약하면 어디든지 쉽게 갈 수 있다.

1~2일차

공항 도착 → 시내 이동 → 숙박 → 루앙프라방 국내항공으로 이동 → 시내 관광 → 푸시산 → 나이트 마켓

3일차

루앙프라방은 탁밧이 유명하기 때문에 아침 일찍 일어나 참가한다. 시내에는 모닝 마켓이 열기 때문에 쌀국수로 아침 식사를 하고 나서 쉬었다가 꽝시 폭포로 이동하면 된다. 오후에는 방비엥으로 이동하는 버스를 타고 이동한다.

탁밧 → 아침 식사 → 꽝시폭포 → 방비엥 이동(버스) → 방비엥 숙박

4~5일차

방비엥은 다양한 엑티비티가 있기 때문에 아침에 일찍 일어나 블루라군이나 쏭강 카약킹에 참가한다. 아침에 블루라군만 다녀와도 된다. 하지만 5일차 밤에 타는 비행기이기 때문에 방비엥에서 비엔티엔으로 이동해야 한다.

오후에 출발해도 되지만 불안하다면 오전에 출발한다. 공항까지 버스나 택시를 타고 공항으로 이동해야 한다. 마지막 날에 수도인 비엔티엔에서 시장에서 다양한 음식을 맛볼 수 있다.

방비엥 → 블루라군 → 비엔티엔 이동 → 공항이동 → 공항

5박 6일 라오스 지도에 비엔티엔(1) → 루앙프라방(2~3) → 방비엥(4~5) → 비엔티엔(6)

젊음과 생기를 느끼는 여행코스

저가항공을 이용해 33만 원 정도의 비용으로 주말을 이용해 다녀온다면 시내만을 집중적으로 둘러봐야 한다. 도착하는 날에 밤에 도착하기 때문에 택시를 이용해 시내로 들어가야 한다. 숙소는 시내에 정하여 걸어서 다닐 수 있어야 한다. 여행자거리에 숙소를 예약하면 어디든지 쉽게 갈 수 있다.

1~2일차

공항 도착 → 시내 이동 → 숙박 → 루앙프라방 국내항공으로 이동 → 시내 관광 → 푸시산 → 나이트 마켓

3일차

루앙프라방은 탁밧이 유명하기 때문에 아침 일찍 일어나 참가한다. 시내에는 모닝 마켓이 열기 때문에 쌀국수로 아침 식사를 하고 나서 쉬었다가 꽝시 폭포로 이동하면 된다. 오후에는 방비엥으로 이동하는 버스를 타고 이동한다.

탁밧 → 아침 식사 → 꽝시폭포
→ 방비엥 이동(버스) → 방비엥 숙박

4~5일차

방비엥은 다양한 엑티비티가 있기 때문에 아침에 일찍 일어나 블루라군이나 쏭강 카약킹에 참가한다. 블루라군 투어에 참가했다면 다음 날에 카약킹 투어에 참가하면 된다. 해지는 저녁에 맞추어 자전거를 타거나 일몰을 봐도 좋다. 투어에 다녀온 후 쉬고 싶다면 저녁까지 쉬었다가 여유롭게 밤 문화를 즐기면 만족도가 높아질 것이다.

블루라군 투어(1일) → 카약킹 투어(1일)

6일차

밤에 타는 비행기이기 때문에 방비엥에서 비엔티엔으로 이동해야 한다. 오후에 출발해도 되지만 불안하다면 오전에 출발한다.

공항까지 버스나 택시를 타고 공항으로 이동해야 한다. 마지막 날에 수도인 비엔티엔에서 시장에서 다양한 음식을 맛볼 수 있다.

방비엥 → 비엔티엔 이동 → 공항이동 → 공항

전화와 인터넷

전화 걸기

휴대폰 로밍은 자동으로 되기 때문에 편리해졌다. 무제한 데이터로 매일 9,000원의 비용으로 많이 사용한다.

한국 → 라오스

① 통신사 번호 누르기
② 국가번호+0을 뺀 지역번호+전화번호 입력.

> (통신사번호)+856(국가번호)+2(0을 뺀 지역번호)+

라오스 → 한국

① 00 누르기
② 국가번호+0을 뺀 지역번호+전화번호 입력.

> 00+82(국가번호)+2(0을 뺀 지역번호)+3474 2527(전화번호입력)

라오스 → 라오스

① 0을 뺀 각 도시의 지역번호를 누르고 상대방 전화번호 누르기
(시내, 시외통화동일)

> 루앙프라방 시내 1-3474-2527 / 루앙프라방 → 비엔티엔 18-3474-2527

국제전화카드

① 전화카드에 적혀있는 카드회사별 '접속번호'를 누르기
② 카드 뒷면의 '비밀번호 Pin Number'를 누르기
③ 상대방 전화번호 누르기.

> 00+82(대한민국 국가번호)+10(0을 뺀 휴대폰 앞자리)
> +3474 2527(010을 뺀 휴대폰 뒷자리)

인터넷

라오스 대부분 무료로 인터넷의 사용이 가능하다. 호스텔, 호텔, 음식점이나 카페에서도 무료인터넷이 가능하다.

음식

라오스는 우리 입맛에 맞는 음식들이 많다. 태국이나 베트남처럼 음식들이 다양하지 않다고 하지만, 그 나라에서는 우리나라 관광객들이 향신료가 강한 음식들로 입에 맞지 않아 고생하는 경우가 많다. 라오스는 태국에 비해 향신료의 냄새가 강하지는 않다. 프랑스 식민지였기 때문에 라오스에서는 바게뜨와 같은 서양음식들도 의외로 많다. 라오스음식이 입에 맞지 않아도 바게뜨같은 서양음식들이 많아 걱정할 필요는 없다.
풍부한 과일로 생과일주스를 마실 수 있고, 물이나 맥주, 커피도 저렴하게 즐길 수 있어서, 라오스에서 먹는 걸로 고생하는 경우는 없다고 봐도 무방할 것이다.

면 / 국수

까삐악 센(Khao Piak Sen)

라오스 여행에서 빼놓을 수 없는 음식이다. '센'은 면을 뜻하는 말로 육수가 시원하여, 쌀로 만든 쫄깃한 면발을 먹으면 국물이 목구멍을 넘어가면서 부드러운 면발이 배를 든든하게 해준다. 라오스 어디를 가도 까삐악 센은 먹을 수 있다. 방비엥의 거리나 루앙프라방 아침시장에서도 까삐악 센을 만날 수 있다.

팟타이 (Phat Thai)

포(Pho)

베트남어로 쌀국수를 뜻하는 '포'는 라오스음식에서도 같은 말이다. 소고기에서 우려낸 국수에 돼지고기나 고명을 넣어서 먹는 포는 배를 든든하게 해주는 음식이다. 면발은 넓고 굵은 '쎈 야이'와 가는 면발의 '쎈 노이'가 있다. 국물이 간에 맞지않으면 고추나 간장으로 간을 맞추어 먹으면 한 끼식사로 아주 좋다.

까삐악 센 (KHAO Piak Sen)

미(Mi)

밀가루로 만든 면으로 노란색의 면을 보면 '미'라고 생각하면 이해하기가 쉽다. 쌀국수로 먹기보다는 우리나라의 비빔면처럼 먹을 수도 있고 육수를 넣은 '미 남'을 먹을 수도 있다.

팟타이(Phat Thai)

동남아 어디에서도 먹을 수 있는 음식인 팟타이는 국수면발을 볶아서 나온 음식이다. 두부나 계란, 새우 등이 들어가서 단맛을 내고 소스는 생선과 굴, 간장을 주로 사용한다.

팟타이(Phat Thai)

밥

카우 팟(Khao Phat)

카우 팟(Khao Phat)

라오스 어디에서도 먹을 수 있는 음식인 카우 팟은 먹을 것이 부족한 라오스사람들이 가지고 있는 재료들을 한 데 볶아 만들어 먹는 볶음밥이다. 재료에 따라 닭고기이면 '카우팟 까이', 해산물이면 '카우팟 탈레', 채소이면 '카우팟 팍'이라고 달리 부른다.

카우 까파우(Khao Kaphao)

카우 핑(Khao Ping)

라오스 사람들이 좋아하는 볶음밥으로 돼지고기를 넣어서 주로 먹는다. 우리나라 사람들의 입맛에는 맞지않아 잘 시켜먹지는 않는다.

카우 핑(Khao Ping)

라오스 사람들의 길거리 음식으로, 관광객들이 야시장을 구경하며 자주 먹는다. 대나무에 찹쌀을 끼우고 계란을 겉에 발라서 불에 구워먹는 음식으로 라오스 어디서나 볼 수 있고, 대게 야식처럼 먹게 되는 음식이다.

카우 람(Khao Lam)

대나무안에 찰밥과 콩, 코코넛 등을 넣어 숯불에 구워 먹는 음식으로, 관광객들이 간식처럼 먹는 음식이다. 루앙프라방에서 탁발수행하기 전에 많이 파는 음식으로 맛이 밍밍하다.

음료와 술

커피(Coffee)

라오스에서 커피한번 마셔보지 않은 관광객은 없다. 라오스식의 달달한 커피맛은 더운 라오스에서 당분을 보충할 수 있는 좋은 방법이기도 하다. "카페"로 발음하기도 하지만 '커피'라고 불러도 알아듣는다. 프랑스식민지로 오랜 세월을 지내왔기 때문에, 커피문화가 매우 발달했다. 특히 연유가 듬뿍 담긴 맛은 라오스 커피만의 특징이다.

생과일 주스

과일이 풍부한 다른 동남아와 같이 라오스도 과일이 풍부하다. 그 중에서 망고, 코코넛, 파인애플 같은 생과일을 직접 갈아서 넣은 생과일 주스는 여행에 지친 여행자에게 피로를 풀고 목마름을 해결해주는 묘약이다.

에너지 드링크 / 엠로이 하씹(M–150)

우리나라의 박카스나 비타500과 비슷한 에너지 드링크로 M–150이 있는데 맛은 비슷하다. 카페인 양이 우리나라 에너지 드링크보다 높다고 하지만 마실 때는 잘 모른다.

술

비어라오(Beer Lao)

라오스에서 관광객들이 누구나 저녁에 마시는 라오스 맥주로 대단히 맛이 좋다. 체코에서 맥주 기술을 받아들여서 체코와 비슷한 풍부한 맥주 맛을 내고 있다. 맥주 맛의 기술은 우리나라보다도 좋은 것 같다.

라오스 과일

망고(Mango)

라오스에서 가장 선호되는 과일은 역시 망고이다. 생과일주스로 가장 많이 마시게 되는 망고주스는 라오스 여행이 끝난 후에도 계속 생각나게 된다.

망고스틴(Mangosteen)

망고스틴은 과일의 여왕으로 불릴 만큼 그 맛이 뛰어나다. 보라색 껍질을 까면 마늘 모양의 하얀색 씨앗이 나온다. 부드러운 식감과 달콤하고 약간 새콤한 맛이 난다. 차가운 성질의 과일이라 특히 더울 때 먹기 좋다.

람부탄(Rambutan)

빨갛고 털이 달려있어서 벌레 같이 징그럽게 생각되기도 하지만, 단맛이 강한 과즙을 가지고 있다.

포멜로 (Pomelo)

감귤과의 과일로 크레이프 푸루트와 향은 비슷하나, 단맛과 약한 신맛이 난다. 라오스에서는 소금을 찍어 먹거나 음료, 샐러드로 만들기도 한다. 껍질이 두껍고 질겨서 손으로 까기에는 쉽지 않다.

로즈 애플 (Rose Apple)

종 모양의 빨간색 과일로, 사과와 같은 아삭한 식감과 새콤달콤한 맛이 난다. 겉은 빨간색이지만 속은 하얀색이다.

리치 (Lychee)

작은 골프공 크기로 겉은 오돌토돌하고, 잘 익은 것은 빨간색이다. 껍질은 손으로 벗길 수 있을 정도로 얇고, 속살은 달콤하고 쫄깃하다. 씨앗은 크고 단단하다. 하이포 글리신이라는 성분이 함유되어 있어서, 빈속에 먹으면 위험하고, 혈당 수치를 낮추고, 열이나 알레르기 반응이 있어서 민감한 사람은 안 먹는 게 좋다.

바나나(Banana)

한국인들에게 가장 친숙한 열대과일이다. 라오스에서는 바나나를 튀겨먹거나, 구워 먹기도 한다. 작고 통통한 몽키 바나나를 많이 먹는다.

구와바(Guava)

못생긴 청 사과 모양을 하고 있으며, 아삭아삭한 식감이 나고, 달거나 시지는 않다. 라오스에서는 소금이나 고춧가루를 섞은 양념에 찍어 먹는다. 비타민, 철분등 각종 영양소가 풍부해서 잘라서 먹거나, 주스로도 만들어 먹는다.

잭푸룻(Jackfruit)

두리안과 모양이 흡사하게 생겼다. 껍질에 가시가 덜 돋아있다. 크기가 너무 커서 주로 시장이나 마트에서 손질해 있는걸 사 먹는다. 쫄깃한 식감과 달콤새콤한 파인애플과 비슷한 맛과 향이 난다.

롱안(Longan)

2cm정도 크기의 둥근 다갈색의 과일이 포도송이처럼 가지에 붙어있다. 과육은 흰색이고, 새콤달콤한 맛이 난다. 잘 익은 롱안은 단맛이 강하게 난다.

파인애플(Pineapple)

라오스 파인애플은 유독 단맛이 강해서 식후 디저트로 좋다. 마트나 시장에 가보면 작은 파인애플을 손질해서 많이 판다. 볶음밥 재료로 많이 사용된다.

수박(Watermelom)

한국 수박은 동그란 모양이지만, 라오스 수박은 넓게 퍼진 타원형이다. 열대 지방 수박이라 단맛이 뛰어나다. 수박 스무디를 주로 많이 먹는다.

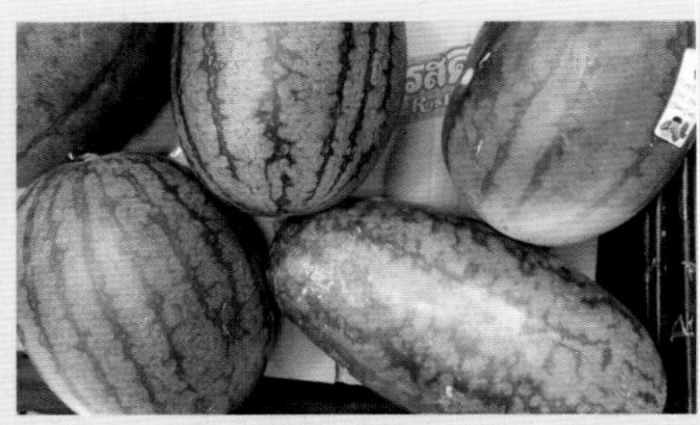

파파야(Papaya)

제대로 익은 파파야는 겉부분을 먹게 되며, 부드럽고 달달하다. 야릇한 냄새가 좀 나서 호불호가 갈린다.

두리안(Durian)

열대과일의 제왕이라고 불리는 두리안은 껍질을 까고 먹는 과일이다. 단맛이 좋지만, 껍질을 까기 전에 냄새가 좋지 않아 외부에서 먹고 들어가야 한다. 대부분의 숙소에서 반입이 허용 금지된다.

용과(Dragon Fruit)

뾰족하게 나와 있는 가시 같은 부분이 있는 과일이다. 선인장과의 과일로, 진한 빨간색으로 식감을 자극하고, 은근한 단맛이 느껴진다.

코코넛(Coconut)

야자수 열매로 알고 있는 코코넛은 얼음에 담아 마시면 무더위가 가실 정도로 시원하다. 코코넛을 넣어 만든 풀빵도 간식으로 인기가 많다. 하얀 속껍질은 여러 음식의 식재료로도 사용된다.

라오스 커피

역사

라오스는 프랑스 식민 지배의 영향으로 1920년대부터 커피 경작을 시작했다. 약 100년의 커피 역사를 가졌음에도 세계적으로 대중화되지 않은 이유는 베트남 전쟁 때문이다. 라오스 커피의 대부분은 라오스 남부 참파삭 주에 위치한 팍송 지역의 볼라벤 고원에서 생산되는데, 이곳은 베트남과 가까운 지리적 위치 때문에 베트남 전쟁 시 미국의 대규모 폭탄 투하로 많은 피해를 입었다.

라오스의 커피는 자국의 커피 산업 육성 정책으로 지속적으로 성장하고 있지만, 볼라벤 고원은 아직까지도 불발탄이 남아있는 곳이 있기 때문에 투어 시 안전이 확인된 지역에만 출입 가능하다. 현재 라오스 커피는 베트남, 태국, 대만 등의 주변국과 독일, 프랑스, 이탈리아 등의 유럽 등지로 수출되고 있으며, 우리나라는 수출국 중 6위 정도를 차지하고 있다.

품종과 생산 방식

커피는 기후에 많은 영향을 받는 곡물이다. 볼라벤 고원에서 라오스 커피의 95%가 생산되는 것도 고도와 강수량, 서늘한 기후 조건이 적합하기 때문이며, 특히 배수가 잘 되는 화산성 토양으로 비옥한 토지를 가지고 있어 커피를 재배하기 좋다.

현재 라오스에서 생산되는 커피 품종의 80~90퍼센트는 인스턴트 커피믹스로 사용되는 로부스타 품종이며, 나머지는 에스프레소를 추출하는데 쓸만한 고급 아라비카 품종과 루왁 품종이 차지하고 있다.

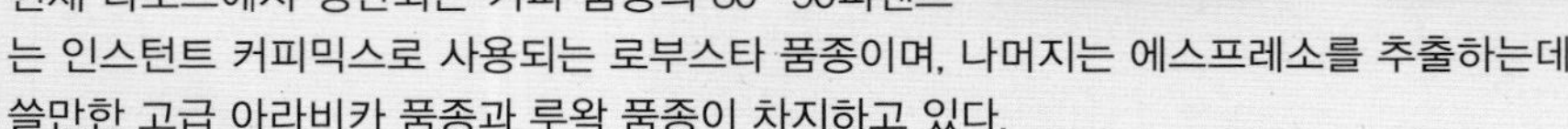

라오스 커피는 볼라벤 고원에 사는 소수 민족들이 생산한다. 볼라벤 고원은 '라벤이 사는 곳'이라는 의미로 이곳에 살던 라벤이라는 소수 민족의 이름에서 유래했으며 까투, 아락, 응애 등 다양한 소수 민족이 살고 있다.
볼라벤 고원에서는 약 2만명의 라오스 인들이 커피콩을 재배하고 있으며, 그 중 많은 소수 민족들이 전통 방식의 수작업으로 커피콩을 재배, 수확하고 있다. 라오스의 주요 도시의 공정무역을 지향하는 에스프레스 카페에서는 이들이 생산한 커피를 맛볼 수 있다.

라오스 브랜드 커피의 양대 산맥

라오스 현지 브랜드 커피는 다오 흐엉 그룹의 다오 커피와 시눅 커피로 나누어진다. 시눅 커피는 2003년에 만들어진 커피 브랜드로, 90년대부터 커피 사업에 몸담고 있던 회장 시눅 시놈밧이 창설했다. 시눅 시놈밧은 라오스 커피가 국제 무대에서 자리를 잡기 위해서는 오가닉 라벨을 획득해야함을 고집했고, 그 결과 2009년에 라오스, 태국, EU 에서 유기농 인증을 받을 수 있었다. 커피를 사랑하는 현지인들과 외국인들은 라오스에 있는 다른 프랜차이즈 커피보다 시눅의 커피를 믿고 마신다.
다오 커피는 다오 흐앙 그룹에서 설립한 계열사 중 하나로 생두, 인스턴트 커피, 설탕 등 커피와 관련된 제품을 판매하는 커피제조업체다. 특히 믹스 커피로 불리는 인스턴트 커피는 적당하게 단 맛에 은은한 향이 나 한국인들이 선호하며, 라오스 여행 선물 리스트에도 꼭 들어갈 정도로 인기가 있다.

라오스의 커피 메뉴와 맛

라오스에서는 커피를 카페(또는 카훼)라고 발음한다. 라오스는 에스프레소를 추출하는 머신이 없는 카페가 대부분이다. 한국에서 흔히 먹는 아메리카노가 먹고 싶다면 프렌차이즈 카페나 간판에 에스프레소가 쓰여 있는 곳에 들어가야 한다.
에스프레소 머신이 없는 카페에서는 잘게 갈거나 분쇄한 커피콩을 거름망에 넣고 끓이거나 우려내는 방식으로 만들어 커피 맛이 매우 진하고 쌉싸름하다. 아무것도 넣지 않은 블랙커피인 카페 담은 그다지 추천하지 않는다. 밑에 연유를 듬뿍 깔아주어 본인이 원하는 당도만큼 저어 먹는 밀크 커피인 카페 놈이 조금 더 마시기 편하다.
라오스 카페에서 '아이스커피'라고 쓰여 있는 메뉴는 대부분 카페 놈에다가 얼음을 넣은 것이며, '카페 놈 옌'이라고 부른다. 그러나 연유에 이어 설탕을 함께 넣는 카페도 많이 있기 때문에 자칫 너무 달아 텁텁할 수도 있다. 단맛의 2연타를 원하지 않는다면 주문 시 설탕을 빼달라고 하는 것도 좋다.

라오스의 야시장

동남아 여행의 백미라고 할 수 있는 야시장 구경! 라오스에서 가장 볼만하고 경험해볼만한 야시장은 비엔티엔, 방비엥, 루앙프라방의 주요 3도시에 자리하고 있다. 라오스의 야시장들은 화려하거나 빽적지근한 규모는 아니지만 저마다의 특색과 내세우는 물품이 조금씩 다르므로 꼭 방문해보자.

비엔티엔 야시장

라오스 야시장 중 가장 규모가 큰 곳이다. 본래 현지인들이 주로 가는 야시장이었으나 점차 외국인 여행자들에게 입소문을 타 유명해졌다. 현지인들이 사용하는 생필품이나 의류 위주의 야시장이기 때문에 기념품이나 먹거리는 많지 않지만, 라오스 현지인들의 생활상을 가장 잘 볼 수 있는 곳이다.

특색 있는 현지 생필품을 다양하게 판매하므로 잘 살피면서 구경하다보면 기념품이나 지인에게 선물할만한 물품을 발견할 수도 있다. 메콩 강변에 위치해있기 때문에 강변의 야경을 함께 감상하거나, 야시장 인근에 있는 카페에서 휴식을 취하기도 용이하다.

루앙프라방 야시장

라오스에서 두번째로 큰 야시장이다. 본래 라오스의 소수민족인 몽족이 다양한 수공예품을 팔던 것에서 시작한 곳으로 몽족 야시장이라고도 불린다. 비엔티안 야시장에 비해 여행자를 위한 야시장이라 말해도 될 정도로 기념품으로 구매할 만한 수공예품이나 잡화가 많다.

느긋하게 산책하면서 구경하기 좋은 규모이며 볼거리, 살거리도 많은데다 먹을거리까지 풍부하게 있기 때문에 라오스의 야시장을 방문한 여행자들이 가장 만족하는 곳이다. 특히 루앙프라방의 야시장에는 만 오천 낍에 다양한 라오스 현지식을 맛볼 수 있는 만 오천 낍 뷔페가 있으므로 한번쯤 경험해 보는 것도 추천한다.

방비엥 야시장

방비엥 야시장은 위의 두 야시장보다 규모도 현저히 작고 각 가게에서 판매하는 물품 또한 대다수가 비슷하다. 하지만 방비엥 야시장이 자랑하는 것은 먹거리다. 코코넛 빵이나 열대 과일, 꼬치구이 등이 저렴한 가격에 훌륭한 맛을 자랑하므로 여러 액티비티로 지친 하루, 라오스의 길거리 음식으로 영양을 보충해보자.

쇼핑

라오스는 물가가 싸기 때문에 다양한 물품을 마음 놓고 살 수 있지만 저렴한 것은 저렴한 값을 하기 마련이다. 물품 구매 시 불량은 없는 지 꼼꼼하게 확인하는 것도 중요하나, 야시장 같이 저렴한 노점상에서 산 물건들의 대부분은 얼마 못 쓰고 버리게 되는 일이 많기 때문에 기분을 내는 정도로 사면 좋을 것이다.

쇼핑 스팟

라오스에는 특별하게 유명한 쇼핑 거리는 없지만, 매일 열리는 야시장에서 먹을거리와 함께 다양한 물품을 팔기 때문에 야시장에서 쇼핑을 해결하는 여행자들이 많다. 만약 조금 더 좋은 품질의 기념품을 원한다면 수도인 비엔티엔에 시내에 있는 가게나 대형 쇼핑몰 비엔티엔 센터, 공항 면세점을 이용하는 것이 좋다.

야시장

라오스에서 지갑의 봉인의 마음껏 풀고 싶을 때는 야시장만한게 없다. 야시장에서는 다양한 먹을거리와 함께 식품, 생필품, 의류 및 잡화, 기념품 등을 판매한다. 여행자가 가장 쇼핑하기 좋은 야시장은 루앙프라방의 야시장이며, 좀 더 현지인들의 생활상에 가까운 물품을 구매하고 싶다면 비엔티엔의 야시장을 살펴보는 것이 좋다.

홈아이디얼

본래 현지인들이 생필품이나 식품을 사기 위해 자주 가는 저렴한 현지 마트로, 비엔티안의 이마트 같은 곳이다. 비엔티안에만 있는 것이 다소 흠이지만, 다른 동남아시아 국가를 여행하지 않는 이상 비엔티안으로 출국하는 여행자들이 대다수기 때문에 출국 전에 들러 쇼핑하면서 여행을 마무리하기 딱 좋다.

현지에서 유명한 과자나 커피, 차 종류 등 라오스 여행에서 꼭 사가야 할 만한 물품으로 꼽히는 것들을 거의 다 판매하고 있다. 여행자들이 좋아하고 인기 있는 물품들은 우리나라 대형 마트처럼 따로 쌓아놓기 때문에 찾아 헤맬 일 없이 편리하게 이용할 수 있을 것이다.

비엔티엔센터

비엔티엔에 있는 라오스 최대의 복합쇼핑몰로 다소 아울렛 같은 느낌이다. 해외 유명 화장품이나 의류 브랜드가 입점해 있기 때문에 한국에서 사는 것보다 싸게 살 수 있는 물품을 고르면 좋다. 센터 1층과 지하에는 중국계 대형마트가 있는데 중국과 태국, 라오스의 등 동남아시아의 다양한 식료품을 판매한다. 홈아이디얼에 찾는 것이 없거나 좀 더 큰 대형 식료품 마트를 보고 싶을 때 들려보면 좋다.

미니소

라오스 입점 초기에는 비엔티안에만 있었으나, 루앙프라방에도 지점이 생길 정도로 현지인들에게 좋은 반응을 얻으며 점포를 확장해나가고 있다. 사실 한국에서 볼 수 있는 물품들이 대부분이지만 나름의 장점은 있다. 첫 번째는 한국보다 저렴하며, 두 번째는 정체모를 라오스 어를 보며 눈치로 때려 맞춰 물건을 사는 일이 없으며, 세 번째는 몇 번 사용하다 망가져버리는 일이 없다는 것이다(특히 전자제품). 여행 시 챙겨오지 못한 물품이나 급하게 필요한 물품을 살 때 방문하면 좋을 것이다.

라오스 기념품

라오스는 베트남이나 태국에서 먹는 것, 입는 것, 쓰는 것 할 것 없이 생활 전반에 사용되는 것들을 수입한다. 라오스 쇼핑이나 기념품 목록에서도 라오스만의 것보다는 다른 나라의 것이 더 많은 편이기 때문에 라오스에서만 생산되는 것, 라오스에서만 사야하는 것들을 고르고 골라 소개한다.

건과일칩

신선한 열대 과일이 넘쳐나는 곳이기 때문에 특별한 첨가물 없이 100% 과일만 들어간 건과물 식품이 많다. 가장 유명하고 인기 있는 제품은 다오 흐앙 그룹에서 만든 믹스과일칩이며, 라오스 국적기인 라오 항공에서도 이 과일칩을 제공한다. 윗부분이 파란색이기 때문에 찾기 쉽다.

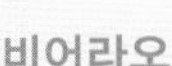

비어라오

라오스를 여행하며 맘에 들었던 비어라오가 있었다면 일단 구매해가자. 비어라오에 푹 빠진 사람들은 무조건 사가며 낱개부터 시작해 박스째로 사가는 사람들도 있다. 이제는 한국에서도 비어라오를 판매하는 곳이 있지만 라오스 현지에서 먹었던 비어라오 맛이 아니라 실망하는 사람들이 많다. 그러나 라오스에서 먹었던 맛 그대로라는 사람들이 있는 것을 보면 라오스 여행의 분위기라는 맛이 빠진걸지도 모르겠다.

커피

여행자들이 라오스에서 가장 많이 사오는 커피 브랜드 2가지는 라오스 현지 브랜드인 시눅, 다오다. 인스턴트 믹스 커피는 다오 커피의 믹스 커피가 한국

인 입맛에 괜찮은 편으로 많은 이들의 쇼핑 목록에 들어가있다. 로스팅 원두는 현지에서 다오 카페와 시눅 카페를 방문하여 입맛에 맞는 커피 브랜드를 고른 후 구매하는 것이 좋다.

바나나 카스텔라 Ellse

바나나맛 시트에 크림이 들어간 달달한 간식거리다. 한국인 여행자들이 일반적으로 사오는 바나나 카스텔라는 네모난 모양이지만, 동그란 모양에 바나나 크림이 들어가 있는 것도 있으며 혹자는 네모난 것보다 더 맛있다고들 한다. 녹차맛이나 코코넛맛, 라즈베리맛, 판단맛(카야잼의 재료)도 있긴 하지만 대부분 바나나맛을 사온다.

헤어팩 aha formula

라오스에 방문한 많은 한국인 여행자들의 쇼핑 목록에 들어가 있는 쇼핑 아이템이다. 라오스를 포함한 동남아시아는 자외선이 강하고 깨끗한 물이 많지 않기 때문에 헤어팩의 품질이 좋은 편이다.

은은한 과일냄새가 풍기는 아하 포뮬라는 꾸덕한 제형이지만 발림성이 좋으며, 한번만 발라봐도 머릿결의 부드러움이 차원이 달라진다. 용량은 100ml, 250ml, 500ml가 있으며 가격에 비해 매우 좋은 성능을 가지고 있어 만족도가 높다. 무거워서 작은 용량으로 한두개만 샀다가 몇개 더 사올걸 하며 아쉬워하는 여행자들도 많다. 하지만 한국의 헤어팩처럼 향기로운 편은 아니라 호불호가 갈리기도 하므로 향보다 성능을 따지는 여행자들에게 추천하는 물품이다.

수공예품

현지 시장이나 야시장에서 많이 볼 수 있다. 귀걸이나 팔찌, 목걸이 같은 것은 무난하고 흔한 디자인이 많기 때문에 예쁘고 알록달록한 모양을 찾기는 어렵다. 하지만 지갑이나 파우치나 에코백, 방석 등은 라오스 감성이 풀풀 나기 때문에 마음에 드는 물품을 구매해 실생활에서 사용하거나 지인들에게 여행 기념품으로 선물하기 좋다. 하지만 야시장에서 사는 수공예품들은 마감처리나 견고함을 기대하지 않는 것이 좋다..

의류잡화

의류 잡화 또한 현지 시장이나 야시장에서 많이 볼 수 있다. 라오스 현지 감성이 충만한 스카프, 냉장고 바지, 티셔츠, 원피스, 신발, 모자 등 다양한 의류와 잡화는 선물용으로, 기념용으로도 좋다.

라오스는 여행을 하면서 흙먼지나 흙탕물에 옷이 상할 가능성이 높다. 저렴하고 막 입기 좋은 라오스 현지 옷을 사서 여행 동안 입고 다니며 현지 분위기도 내고 옷도 보호하며 일석이조를 잡아보자.

방수물품

방수 물품은 한국에서 가져가기보다 방비엥의 거리나 야시장에서 사보자. 짐을 줄일 수 있을 뿐더러 저렴하게 구매할 수 있다. 방비엥에서는 곳곳에 방수 가방, 방수팩, 아쿠아슈즈 등 다양한 종류의 방수물품을 판매하고 있다.

나의 여행스타일은?

나의 여행스타일은 어떠한가? 알아보는 것도 나쁘지 않다. 특히 홀로 여행하거나 친구와 연인, 가족끼리의 여행에서도 스타일이 달라서 싸우기도 한다. 여행계획을 미리 세워서 계획대로 여행을 해야 하는 사람과 무계획이 계획이라고 무작정 여행하는 경우도 있다.
무작정 여행한다면 자신의 여행일정에 맞춰 추천여행코스를 보고 따라가면서 여행하는 것도 좋은 방법이다. 계획을 세워서 여행해야 한다면 추천여행코스를 보고 자신의 여행코스를 지도에 표시해 동선을 맞춰보는 것이 좋다. 레스토랑도 시간대에 따라 할인이 되는 경우도 있어서 시간대를 적당하게 맞춰야 한다. 하지만 빠듯하게 여행계획을 세우면 틀어지는 것은 어쩔 수 없으니 미리 적당한 여행계획을 세워야 한다.

1. 숙박(호텔 VS YHA)

잠자리가 편해야(호텔, 아파트) / 잠만 잘 건데(호스텔, 게스트하우스)

다른 것은 다 포기해도 숙소는 편하게 나 혼자 머물러야 한다면 호텔이 가장 좋다. 하지만 여행경비가 부족하거나 다른 사람과 잘 어울린다면 호스텔이 의외로 여행의 재미를 증가시켜 줄 수도 있다.

2. 레스토랑 VS 길거리음식

카페, 레스토랑 / 길거리 음식

길거리 음식에 대해 심하게 불신한다면 카페나 레스토랑에 가야 할 것이다. 라오스는 물가가 저렴하여 길거리음식을 사먹는 경우는 매우 많다. 각종 과일 주스를 기본으로 버거, 꼬치 등의 다양한 음식을 먹을 수 있다. 인기가 있는 곳의 길거리 음식은 생각만큼 불안해할 필요는 없다. 많은 레스토랑에는 많은 한국 관광객이 이미 다녀간 곳이라면 한국인의 취향과 원하는 것을 잘 알고 있기 때문에 음식으로 고생하는 경우는 별로 없다.

3. 스타일(느긋 VS 빨리)

휴양지(느긋) 〉 도시(적당히 빨리)

자신이 어떻게 생활하는 지 생각하면 나의 여행스타일은 어떨지 판단할 수 있다. 물론 여행지마다 다를 수도 있다. 휴양지에서 느긋하게 쉬어야 하지만 도시에서는 아무 것도 안하고 느긋하게만 지낼 수는 없다. 비엔티엔은 도시여행이고 방비엥은 휴양 마을이다. 루앙프라방은 휴양과 도시여행이 혼합되어 있다.

4. 경비(짠돌이 VS 쓰고봄)

여행지, 여행기간마다 다름(환경적응론)

여행경비를 사전에 준비해서 적당히 써야 하는데 너무 짠돌이 여행을 하면 남는 게 없고

너무 펑펑 쓰면 돌아가서 여행경비를 채워야 하는 것이 힘들다. 짠돌이 여행유형은 박물관을 보지 않는 경우가 많지만 라오스에서는 박물관 입장료가 비싸지 않으니 무작정 들어가지 않는 행동은 삼가는 것이 좋을 것이다. 관광지를 가려면 각종 교통수단의 협상이 필수이기 때문에 협상에 따라 가격이 달라지는 결과가 나올 수도 있다.

5. 여행코스(여행 VS 쇼핑)
여행코스는 여행지와 여행기간마다 다르다. 라오스는 여행코스에 적당하게 쇼핑도 할 수 있고 여행도 할 수 있으며 맛집 탐방도 가능할 정도로 관광지가 멀지 않아서 고민할 필요가 없다. 다만 방비엥과 루앙프라방의 거리가 멀기 때문에 도시가 이동에 시간이 많이 소요된다. 최근에는 비엔티엔에서 바로 루앙프라방으로 비행기로 이동한다면 시간이 많이 줄어들 것이다.

6. 교통수단(택시 VS 뚜벅)
여행지, 여행기간마다 다르고 자신이 처한 환경에 따라 다르지만 라오스에서는 도시 밖에 있는 관광지인 루앙프라방의 꽝시폭포나 방비엥의 다양한 엑티비피를 빼고 뚝뚝이나 버스, 택시를 탈 경우는 많지 않다. 라오스의 모든 도시 자체가 크지 않아서 걸어 다니는 것이 대부분이다.

나 홀로 여행족을 위한 여행코스

라오스를 홀로 여행하는 여행자가 급증하고 있다. 라오스는 혼자서 여행하기에 좋은 도시이다. 먼저 물가가 저렴하고 도시는 마을처럼 작기 때문에 여행을 할 때 물어보지 않고도 충분히 길이나 관광지를 찾아갈 수 있다. 혼자서 사원이나 관광지를 즐겨보는 것도 좋은 코스가 된다.

주의사항
1. 숙소는 위치가 가장 중요하다. 밤에 밖에 있다가 숙소로 돌아오기 쉬운 위치가 가장 우선 고려해야 한다. 나 혼자 있는 것을 좋아한다면 호텔로 정해야겠지만 숙소는 호스텔도 나쁘지 않다. 호스텔에서 새로운 친구를 만나 여행할 수도 있지만 가장 좋은 점은 모르는 여행 정보를 다른 여행자에게 쉽게 물어볼 수 있다.

2. 자신의 여행스타일을 먼저 파악해야 한다. 가고 싶은 관광지를 우선 선정하고 하고 싶은 것과 먹고 싶은 곳을 적어 놓고 지도에 표시하는 것이 가장 중요하다. 라오스는 도시에서 즐길 엑티비티가 정해져 있으므로 하고 싶은 것을 지도에 적으면 자연스럽게 동선이 결정된다. 꼭 하고 싶은 것을 지도에 적고 장소를 방문하면 명확하게 시간이나 필요한 것들이 지도에 표시되도록 하는 것이 좋다.

3. 혼자서 날씨가 좋지 않을 때 블루라군이나 꽝시 폭포를 가는 것은 추천하지 않는다. 걸으면서 풍경을 봐야 하는 데 풍경도 보지 못하지만 의외로 꽝시 폭포에 자신만 걷고 있는 것을 확인할 수도 있다. 돌아오는 길을 잊어서 고생하는 경우가 발생할 수 있다. 꽝시 폭포는 날씨가 좋을 때 방문해야 한다.

4. 비엔티엔의 관광지나 루앙프라방의 많은 사원을 홀로 즐기면서 고독을 즐겨보는 것이 좋다. 특히 해가 지는 절에서의 풍경을 보는 것이 충분히 사원을 즐기는 방법이며 사전에 막심 구글맵으로 위치를 미리 파악하고 출발과 돌아오는 시간을 미리 계획하여 늦었다면 뚝뚝이를 타는 것을 추천한다.

5. 야시장에서 쇼핑을 하고 싶다면 사전에 쇼핑품목을 적어 와서 마지막 날에 야시장에서 몰아서 하거나 날씨가 좋지 않을 때, 숙소로 돌아갈 때 잠깐 쇼핑하는 것이 좋다.

진에어나 라오 저녁비행기를 이용하는 비엔티엔 왕복코스

야간에 도착하기 때문에 비엔티엔에서 1박은 해야 한다. 다음날 오전이나 오후에 방비엥으로 이동하여 본격적인 여행을 시작하는 경우가 대부분이다.

3박 4일

비엔티엔(5박) → 루앙프라방 항공 이동 → 루앙프라방(1박) 방비엥(1박) → 비엔티엔

6박 7일

비엔티엔(1박) → 비엔티엔에서 방비엥 버스이동 → 방비엥(2박) → 방비엥에서 루앙프라방 슬리핑버스(1박) → 루앙프라방(1박) → 루앙프라방에서 비엔티엔 라오항공이나 슬리핑버스이용 이동 → 비엔티엔(야간비행기 1박)

7박 8일

비엔티엔(1박) → 비엔티엔에서 방비엥 버스이동 → 방비엥(2박) → 방비엥에서 루앙프라방 슬리핑버스(1박) → 루앙프라방(2박) → 루앙프라방에서 비엔티엔 라오항공이나 슬리핑버스이용 이동 → 비엔티엔(야간비행기 1박)

8박 9일

비엔티엔(1박) → 비엔티엔에서 방비엥 버스이동 → 방비엥(3박) → 방비엥에서 루앙프라방 슬리핑버스(1박) → 루앙프라방(2박) → 루앙프라방에서 비엔티엔 라오항공이나 슬리핑버스이용 이동 → 비엔티엔(야간비행기 1박)

태국에서 기차로 라오스를 입국하는 비엔티엔 왕복코스

오전에 기차가 도착하기 때문에 오후정도에 비엔티엔에서 방비엥으로 이동하여 여행을 시작한다.

6박 7일

비엔티엔 오전 도착 → 비엔티엔에서 방비엥 버스이동 → 방비엥(3박) → 방비엥에서 루앙프라방 슬리핑버스(1박) → 루앙프라방(1박) → 루앙프라방에서 비엔티엔 라오항공이나 슬리핑버스이용 이동 → 비엔티엔(야간비행기1박)

미얀마나 베트남,태국에서 루앙프라방으로 입국하는 북 → 남코스

루앙프라방에서 방비엥, 비엔티엔으로 내려오는 코스로 다시 돌아갈 일이 없어서 편리하기도 하지만 대부분 오랜 시간을 여행하는 여행자가 많이 여행하는 코스이다.

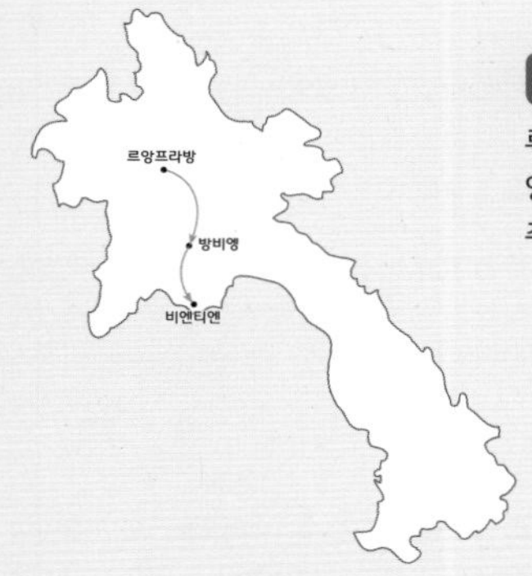

6박 7일

루앙프라방(2박) → 루앙프라방에서 방비엥 슬리핑버스이용 이동 → 방비엥(3박) → 방비엥에서 비엔티엔 버스이동 → 비엔티엔(1박) → 태국으로 주로 이동

라오스 입국

라오스의 비엔티엔에는 왓따이 국제 공항에서 모든 항공기 들어오고 나간다. 우리나라의 진에어와 티웨이항공(티웨이항공은 한시적인 기간만 운영), 라오스 항공이 직항을 운영하고 있다. 진에어를 가장 많이 이용한다. 베트남항공이 하루에 4편을 운영하고 있는데 가장 노선이 많다. 타이항공은 하루에 2회만 운영한다. 국제공항 바로 옆에 국내선청사가 있는데 많이 낡았다.

라오스 취항 항공사

<table>
<tr><th>항공사</th><th>출발</th><th>도착</th><th>경유</th><th>항공시간</th><th></th></tr>
<tr><td>진에어</td><td>19시 15분</td><td>22시 55분</td><td>직항</td><td>5시간 40분</td><td>39~93만원</td></tr>
<tr><td>라오항공</td><td>10시 40분</td><td>13시 50분</td><td>직항</td><td>4시간</td><td></td></tr>
<tr><td rowspan="4">베트남항공</td><td>08시 20분</td><td>17시 50분</td><td rowspan="4">호치민
/
하노이</td><td rowspan="4">13~14시간</td><td rowspan="4">42~98만원</td></tr>
<tr><td>10시 30분</td><td>17시 50분</td></tr>
<tr><td>18시 05분</td><td>다음날 10시 50분</td></tr>
<tr><td>18시 50분</td><td>다음날 10시 50분</td></tr>
<tr><td rowspan="3">타이항공</td><td rowspan="3">오전
10시경</td><td>다음날</td><td rowspan="3">방콕</td><td rowspan="3">14시간</td><td rowspan="3">42~104만원</td></tr>
<tr><td>10시 45분</td></tr>
<tr><td>20시 15분</td></tr>
</table>

입국카드 작성방법

ARRIVAL / Check point: 0057032

Family name: 성		Name: 이름	남자 Male ☐ 여자 Female ☐
Date of birth: 생년월일	Place of birth: 출생지	Nationality: 국적	Occupation: 직업
Passport No: 여권번호	Expiry date: 여권만료일	Date of issue: 여권발행일	Place of issue: 여권발행지
Visa No:	Date of issue:	Place of issue:	Intented address in Lao PDR: 숙소이름
Purpose of entry 입국목적 ☐ 외교 Diplomatic ☐ 사업 Business ☐ 공식적인 Official ☐ 관광 Tourism ☐ Visit ☐ 경유 Transit	Traveling by: 여권만료일 Flight No: Car No: Bus No:	Traveling from: 패키지유무 ☐ Yes Traveling in package tour ☐ No	Tel:
For official use only		Date: 날짜	Signature: 서명

입국절차

비엔티엔의 왓따이 국제공항은 크지 않다. 나오자마자 오른쪽, 왼쪽으로 한번씩만 돌면 입국심사대가 보인다.

1. 기내에서 입국카드작성

기내에서 나눠주는 입국카드를 작성한다. 입국카드와 출국카드가 붙어있는데 입국카드만 제출하고 출국카드는 라오스에서 출국할 때에 제출하면 된다.

2. 내려서 입국검사장으로 이동

항공기에서 내리면 조금만 오른쪽, 왼쪽으로 이동하면 입국장에 들어선다. 여권과 입국카드를 준비해둔다.

3. 입국심사

줄을 서서 차례를 기다린 후 자신의 차례에 입국심사를 하고 지나간다. 만약 입국카드를 작성하지 않았다면 오른쪽에 입국카드가 있으니 작성하면 된다.

4. 수화물 찾기

입국심사가 끝나면 1층으로 내려가서 자신의 짐을 찾는다.

5. 공항문을 나와서 정면의 카운터로 이동

공항문을 나오면 정면에 택시를 선택할 수 있는 카운터가 있다. 여기에서 돈을 지불하면 택시를 탈 수 있다.

라오스 15일 무비자 입국

우리나라는 비자없이 15일만 라오스여행이 가능하다. 15일을 넘기면 벌금을 내야하고, 15일 이내에 다시 태국 등의 나라로 들어갔다 다시 라오스로 들어오면 여행이 가능하기는 하다. 우리나라 여행객들은 대부분 10일 이내로 여행을 하고 있다.

라오스어

ກ	ຂ	ຄ	ງ	ຈ	ສ	ຊ	ຍ	ດ	ຕ	ຖ	ທ	ນ	ບ
ໄກ່	ໄຂ	ຄວາຍ	ງົວ	ຈອກ	ເສືອ	ຊ້າງ	ຍຸງ	ເດັກ	ຕາ	ຖົງ	ທຸງ	ນົກ	ແບ້
k/k	kh/k	kh/k	ng/ng	c/t	s/t(S)	s/t	ñ/y	d/t	t/t	th/t	th/t	n/n	b/p
[g̹]	[ĸ]	[ĸ]	[ŋ]	[dʒ]	[s]	[s]	[ɲ]	[d]	[d̹]	[t]	[t]	[n]	[b]

ປ	ຜ	ຝ	ພ	ຟ	ມ	ຢ	ຣ	ລ	ວ	ຫ	ອ	ຮ
ປາ	ເຜີ້ງ	ຝົນ	ພູ	ໄຟ	ມ້າ	ຢາ	ຣົດ	ລີງ	ວີ	ຫ່ານ	ໂອ	ເຮືອນ
p/p	ph/p	f	ph/p	f/p(/f)	m/m	y	l/n	l/n	v(w)/w	h	'	h/n
[b̹]	[p]	[p]	[f]	[f]	[m]	[j]	[l]	[l]	[w]	[h]	[o]	[h]

카이 (계란) 빠묵 (오징어) 빠 (생선)

팍 (채소) 삥 (구이) 텃 (튀김) 카이 (닭고기)

똠 (끓임) 팟 (볶음) 꿍 (새우) 탈레 (해산물)

남(물)
남빠우(마시는 물)
남깐(얼음)

무(돼지고기) 씬응우아(쇠고기)

까페(커피)
까페 담(블랙 커피)
까페 옌(아이스 커피)

비아 까뻥(캔맥주)

타논(거리)

왓(Wat, 사원)

비아 깨우(병맥주)

싸남빈(공항)

싸타니 롯메(버스터미널)

홍햄(호텔)

반 팍(게스트하우스)

한아한(식당)

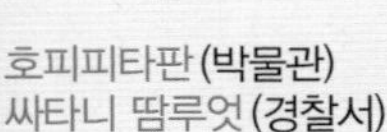

호피피타판(박물관)
싸타니 땀루엇(경찰서)

라오스 엑티비티 투어 주의사항

1. 라오스 내 엑티비티 투어상품은 보험이 가입되어 있지 않다. 가능하면 한국에서 여행자 보험에 가입하고 가야한다.
   - 엑티비티 투어이므로 간단한 찰과상이나 타박상 등이 우기의 급류에서는 발생할 수도 있다.
   - 물에 대한 두려움이 심하거나, 심장병, 임신, 고소공포증, 기타 개인적인 어려움이 있으면 이용을 자제해야 한다.
   - 본인의 지병이나, 가이드의 안내에 따르지 않아 발생하는 안전상의 문제에 대해서는 일절 책임지지 않는다.
   - 투어시 무상으로 제공해주는 렌탈 장비(패들, 안전모, 장비)등을 고객의 부주의로 인한 분실 및 파손시 일부 금액을 고객이 변상 요구를 할수도 있으니, 분실 및 파손을 주의해야 한다.

2. 대부분의 투어는 해당 날짜에 모객된 손님과 같이 진행되는 통합 모객 투어로 픽업시간은 유동적이다.
   - 숙소픽업 및 출발 시간의 지연 등이 발생할 수도 있다.
   - 투어차량으로 진행되며 일반적으로 방비엥 오픈 버스인 썽태우로 진행되나 차량의 종류는 랜덤이다.
   - 개인의 사정으로 픽업 시간에 늦어 투어 출발차량에 탑승하지 못한 경우는 본인 과실로 환불이 안된다. 또한 예약 후 하루 전이나 당일 취소 시 환불 불가하다.

3. 픽업 시간은 투어출발 시간 기준으로 15분 전부터 약속된 픽업 장소 로비에 대기하면 순차적으로 돌면서 픽업한다.
   - 짚라인 블루라군등 오전 9시 출발 연합투어는 오전 8시 50분~9시 15분 사이로 픽업 한다.
   - 2시 출발 블루라군 투어는 방비엥 투어회사에 14:00까지 집합해야 한다.
   - 9시 30분에 출발하는 동굴+카약 1일 연합 투어는 9시 15분부터 9시 45분 사이로 픽업 하며, 9시 45분 이후에도 픽업이 안 올 경우 사무실로 확인 전화를 하자.
   - 숙소가 가까우면 회사로 출발시간 기준 15분 전까지 도착하면 된다.

4. 방비엥에서 판매하는 투어는 엑티비티 투어상품이다. 투어시 발생하는 귀중품 분실 및 파손은 일절 책임지지 않는다.
   - 엑티비티 투어 성격상 카약 투어시 배가 뒤집어지거나 하는 예상치 못한 상황이 발생 할 수도 있다.
   - 경우에 따라 방수백에 물건을 담아두거나 안경다리를 묶어 주거나 안전조끼를 입는다 고 해도, 상황에 따라 일부 분실(모자, 선글라스, 슬리퍼)이나 파손이 발생할 수 있다.
   - 귀중품 분식 및 파손 등은 일절 책임지지 않으니, 호텔 안전금고에 미리 맡기고 오거 나 투어 중에 본인이 개별적으로 관리해야 한다.

5. 루앙프라방 꽝시폭포는 5명 정도면 투어회사가 아니여도 출발하므로 조마베이커리 앞의 뚝뚝이 기사와 협상하면 된다.

환전

라오스의 통화는 킵 또는 낍이라고 발음하며 'Kip'으로 표기한다. 라오스 낍Laos Kip을 줄여 'LAK'이라고 표기하기도 한다. 동전은 없으며 500낍, 1,000낍, 2,000낍, 5,000낍, 10,000낍, 20,000낍, 50,000낍, 100,000만낍 지폐가 유통돼고 있다. 500낍 이하의 지폐도 있지만 사용 및 유통되는 일이 없으며, 500낍도 웬만하면 사용하지 않는 편이다.

한국에서는 라오스 통화를 취급하는 은행이 없다. 개인 간 환전이 아니고선 라오스의 통화로 환전할 수 없기 때문에, 한국에서 미국 달러로 1차 환전 후 현지에서 낍으로 바꾸는 이중환전을 거쳐야한다.

낍의 환율은 다른 나라의 환율처럼 검색해서 나오지 않는다. 환율을 알아보고 싶다면 라오스의 은행 홈페이지에 들어가 확인해야하지만, 그렇게까지 번거롭게 확인할 필요는 없다. 보통 현지에서는 1달러에 8,100~8,500낍 선에서 거래되기 때문이다. 10,000낍을 한국 원화로 계산하면 1,400원 정도이며, 낍Kip에서 나누기 7을 하면 한국 원화 값을 쉽게 알 수 있다.

환전 시 주의 사항

1. 50달러 이하의 소액권은 환전 시 추가 수수료가 조금 더 붙는다. 조금의 손해라도 줄이고 싶다면 한국에서 환전해올 때 비상시를 위한 소액권 몇 장과 50달러 권, 100달러 권 위주로 받아오는 것이 좋다.

2. 환전용으로 사용할 달러는 최대로 깨끗한 신권 상태여야한다. 조금이라도 찢어지거나 오염되거나 글씨가 써있다면 환전을 거절당하는 경우가 많다. 한국에서 달러로 환전 시 상태를 잘 확인하고 받아야 하며, 라오스로 가지고 갈때도 훼손될 일 없이 안전하게 가져가자.
3. 낍은 달러로 재환전이 불가능하다. 조금씩 나누어 환전하거나 여행 경비의 70-80퍼센트만 환전한 후 낍이 더 필요해지면 은행이나 사설 환전소, 환전 서비스를 제공하는 식당이나 숙소에서 환전하자.

환전 방법

조금이라도 저렴한 가격에 환전하기 위해 사설 환전소에서 환전하려는 여행자들이 많다. 그런데 은행과 사설 환전소의 환율이 아무리 차이가 나도 1달러당 100~300낍, 즉 한국 원화로 계산하면 10원~40원 정도의 금액이다. 1000달러를 환전해도 2~3만원 차이 이므로 본인이 별로 신경 쓰지 않는 금액이라면 공항에서 환전해 버리는 게 편하다. 그러나 사설 환전소의 저렴한 환전 가격에 마음이 쓰릴 것 같다면 공항에서는 당장 필요할 어느 정도의 금액만 환전하자. 시내에 도착해 여러 사설 환전소들을 비교한다면 조금이라도 저렴하게 환전할 수 있을 것이다.

1. 오후 10시 이내 도착

10시 이내에 비엔티안 공항에 도착한다면 공항 안에 있는 은행에서 환전이 가능하다. 비엔티안 공항에는 환전소가 두세개 정도 있는데 환전소마다 그리 큰 차이는 나지 않는다. 가격과 줄을 비교해보고 환전하면 된다. 조금이라도 저렴한 사설 환전소에서 환전하고 싶다면 공항에서는 시내로 이동할 교통비와 한끼 정도의 식사비만 환전하자. 시내에 도착해 저렴한 사설환전소를 비교해 찾다보면 쉽게 덥고 배고파지기 때문에 첫 시작부터 힘들어진다. 일단 숙소에 도착 해 짐을 풀고 간식이나 식사로 배를 채워놓은 후 느긋한 마음으로 사설환전소를 둘러보는 것이 좋다.

2. 오후 10시 이후 도착

10시 이후에는 공항 환전소가 문을 닫을 때가 많다. 공항 안에 있는 ATM에서 환전을 할 수 있지만 은행보다 수수료가 높고, ATM 기계에 결함이 발생한다면 도움을 받기도 어렵기 때문에 심야에 ATM을 이용한 환전은 최대한 지양하는 것이 좋다.
10시 이후에는 시내로 가는 셔틀 버스도 없기 때문에 택시를 타야한다. 이 때는 비상용으로 환전한 소액권 달러를 지불하면 된다. 늦은 시간에는 시내의 사설 환전소도 대부분 문을 닫는다. 열려있는 환전소를 애써 찾아 환전하려하지 말고 다음날 아침에 은행 또는 사설 환전소에 들려 환전하자.

ATM에서 인출하기

달러든 낍이든 예상치 못하게 여행 경비를 모두 사용했다면 ATM에서 현금을 인출할 수밖에 없다. 하지만 ATM은 이용 시 주의할 점이 많다. 타인에게 도움을 받기 어려운 혼자 여행자라면 더욱 주의해서 사용하는 것이 좋다.

주의 사항

1. 달러가 아닌 낍Kip으로만 인출할 수 있다.
2. ATM 기계는 어느 곳이나 여러 개 있는 것이 아니라 도시에 몰려있다.
3. 시골 동네의 ATM은 제대로 작동하지 않는 경우가 많기 때문에 카드 인식이 안되거나, 기계 결함으로 문제가 생길 수도 있다. 도움 받을 수 있는 확률이 매우 낮기 때문에 최대한 이용을 지양하는 것이 좋다.
4. 도시의 ATM을 이용하는 경우에도 문제가 생길 수도 있다. 은행의 도움을 받을 수 있도록 은행이 운영하는 오전 ~ 낮 시간과 은행에 붙어있는 ATM을 사용하는 것이 좋다.
5. 1회 인출 시 수수료가 전체 금액의 3% or 20,000낍이다.
6. 1회 최대 인출 금액이 1,500,000낍~2,000,000낍이다.

인출 방법

라오스의 ATM이라고 해서 크게 다르지 않다. 스크린 터치가 아니라 스크린에 표시된 창 바로 옆에 있는 버튼을 눌러 사용하는 방식이 더 많으므로 당황하지 말자. ATM에서 현금을 인출할 때는 언제나 주위를 주의하는 것이 좋으며, 비밀 번호 입력 또한 숫자판을 가리고 입력하고, 돈은 뽑자마자 가방에 넣어야한다.

1. 카드를 넣는다.
2. 카드가 인식된 후에는 언어를 중국어 또는 영어로 바꾼다.
3. 비밀번호를 입력한다. 보통 밑에 있는 숫자판에서 입력하면 되며, 출금 비밀번호는 4자리 또는 6자리를 요구한다. 6자리의 경우 앞에 00을 붙이면 된다.
4. WITH DRAWAL 또는 CASH WITHDRAWAL 버튼을 누른다.
5. 원하는 출금 금액 버튼을 누르고 기다린다.
6. 수수료를 확인한 후 OK 버튼을 누르면 금액이 나온다.
7. 영수증을 받을지 안 받을지 선택하면 끝.

심(Sim) 카드

라오스 유심은 한국에서 구매해가도 상관없지만 현지에서 구매하는 것이 훨씬 저렴한 편이다. 여행자가 쉽게 접할 수 있는 라오스 유심 회사는 라오 텔레콤와 유니텔이다. 어떤 회사 유심을 쓰든 큰 차이가 없으므로 본인의 일정과 원하는 데이터 용량에 맞추어 사면 된다. 유심은 비엔티안이나 루앙프라방 공항, 각 회사의 시내 지점, 슈퍼마켓, 한인 쉼터 등 여러 곳에서 구매할 수 있다.

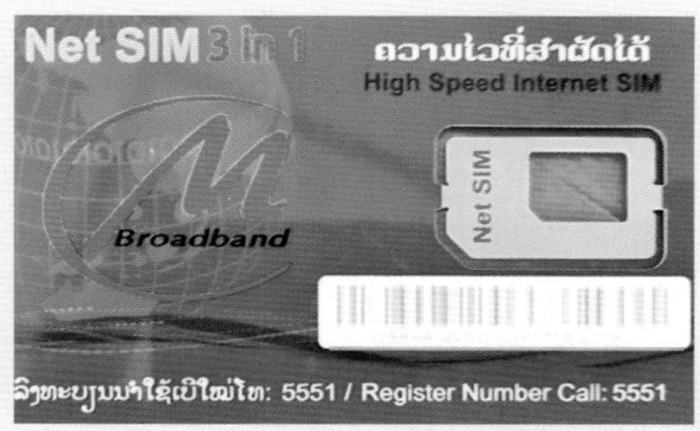

슈퍼마켓 외의 곳은 직원들이 유심을 설치해주지만, 공항과 한인 쉼터에서는 사람이 몰릴 때는 꽤 시간이 걸릴 때가 있다. 시내의 지점은 한산한 때가 많아서 시내로 이동한 후 지점을 찾아가 구매하는 여행자들도 있다.

비엔티안 공항에서는 라오텔레콤과 유니텔 유심을 판매하는 부스가 있으며, 본사에서 직영하기 때문에 믿고 구매할 수 있다. 간판은 따로 없지만 입간판에 4G나 유심 그림이 있기 때문에 눈치껏 찾을 수 있을 것이다.
유심을 구매한 후 기간 내에 용량을 다 사용해도 문제가 없다. 기간만 남아있다면 슈퍼마켓에서 충전용 리필 카드를 구매하여 데이터를 충전하면 된다.

▶SIM 카드 설치 등록
① 전원끄기 (기종에 따라 다름) → 기존 심카드 제거 (한국SIM 보관) → 구입한 심카드 설치 -> 전원켜기
② 설정 → 네트워크 더보기 → 모바일 네트워크 → 엑세스 포인트 이름 → 엑세스 포인트 추가
③ 엑세스 포인트 편집, (아이폰은 자동으로 등록됨)

이름 : APN
APN : ltcnet (엘티씨엔이티) 입력
네트웍이 활성화 되면 3G 아이콘이 핸드폰 상단에 보임

▶데이터 충전
충전카드 뒷면을 긁어 15자리 충전 번호 확인
*121*등록번호(15자리 충전번호)#통화버튼
*131*10 # 통화버튼 데이터 등록 신청 완료 문자가 수신됩니다.

용량 유효기간 확인 *123# 통화버튼
잔액확인 *122# 통화버튼

라오스는 안전한가요?

기본적인 것만 지키면 아무 일 없다.

개발이 많이 이루어지지 않은 동남아 국가기 때문에 치안이 다소 걱정될 수도 있다. 하지만 라오스는 사회주의 국가로서 치안이 좋은 편에 속하며, 불교 국가로 온화한 국민성을 갖고 있다. 고가의 귀중품이나 현금을 덜렁덜렁 들고 다니거나, 늦은 밤에 혼자 돌아다니거나, 관광객이 전혀 없고 인적이 드문 곳을 돌아다니거나, 술에 취한 상태로 돌아다니지 않는 등 기본적인 것만 조심하면 즐겁게 다녀올 수 있을 것이다.

현금 및 귀중품 보관에 유의하자.

발전이 많이 된 나라를 여행하든, 그렇지 않은 나라를 여행하든 현금 및 귀중품 관리는 언제나 유의해야하는 사항이다. 귀중품이나 현금은 숙소에서도, 외부에서도 보이지 않는 곳에 넣어두는 것이 중요하다. 여행자들은 현금과 귀중품을 금고에 넣어 보관하거나, 금고가 없는 곳에서는 캐리어에 넣어 잠근 후 자물쇠로 이중 잠금 또는 사물함에 넣고 잠가두기도 한다. 만약 들고 다니는 것도 불안하고, 금고나 캐리어에 넣고 다니는 것도 불안하다면 프런트에 맡기는 것도 한 방법이다.

차량 이동 시 물품 보관에 주의하자.

라오스에 방문하는 대부분의 여행자들은 비엔티엔, 방비엥, 루앙프라방의 세 도시를 관광하며, 세 도시간 거리가 상당히 떨어져 있기 때문에 이동시에는 미니밴이나 버스를 이용하게 된다. 미니밴은 내부가 좁기 때문에 차 위에 짐을 올리며, 버스 또한 짐칸에 짐을 따로 보관한다. 이렇게 짐과 몸이 떨어진 경우 가방을 도난당하거나, 가방 안에 있는 물품 및 현금을 도난당하는 사고가 꽤 있기 때문에 높은 액수의 현금이나 귀중품, 잃어버리면 안 되는 물품은 반드시 몸에 지니고 타자.

도보 이동 시에도 가벼운 주의는 반드시 필요하다.

아직 라오스는 소매치기가 기승을 부리는 나라는 아니지만, 소매치기나 도난 사고가 아예 없다고 단정할 수 있는 곳도 아니다. 사람이 많은 곳이나 길가에서는 반드시 가방을 앞으로 매야하며, 오토바이 날치기도 많지는 않지만 없는 편은 아니므로 오토바이 소리가 난다면 조금 더 주의하자.

라오스 여행 긴급 사항

여행 중에는 언제나 예상치 못한 일이 벌어진다. 라오스는 행정 및 사법 처리가 느리고 허술하며, 의료 서비스 또한 열악하고 낙후됐기 때문에 정밀 검사나 수술을 받기는 어렵다. 여행자 스스로 사건 사고를 최대한 예방하는 것이 가장 중요하다. 라오스 여행 중에서 흔히 벌어지는 사건 사고에는 여권이나 소지품 분실 및 도난, 교통 관련 사건 및 사고, 물놀이 안전사고, 건강 문제 등이 있다.

여권 분실 시

라오스에서 여권을 분실 후 재발급하려면 짧아도 사나흘이 넘는 시간이 걸린다. 여행 일정이 충분히 남아있다면 괜찮지만, 그렇지 않다면 넉넉하게 5일 정도는 항공권을 미뤄야한다. 라오스에서 여권을 분실하면 현지 공공기관과 한국 영사관을 오가며 사건 경위서, 임시여권, 분실증명서, 출국비자를 발급받아야한다. 그러나 이 모든 과정에서 라오스어밖에 사용할 수 없기 때문에 대사관이나 한인 교민에게 도움을 요청하는 것이 가장 좋다.

현금, 소지품 분실 및 도난 시

일단 라오스에서 현금이나 소지품이 없어졌을 때 범인을 바로 잡지 않는 이상 돌려받을 수 있는 가능성이 매우 희박하다. 또 라오스는 경찰서에서 영어도 통하지 않을뿐더러, 잃어버렸다는 증명을 하기가 어려워 폴리스리포트를 받기가 매우 어렵다. 추후 여행자 보험으로 보상받기위해서는 고가의 중요한 물품들이 가방 안에 있었다는 사진이나 물품 목록을 찍어놓는 것이 중요하다. 숙소에서 분실 및 도난 사고가 발생했다면 숙소 직원에게 부탁해 함께 신고 및 접수를 하거나, 길거리에서 발생했다면 사고를 목격한 현지인의 도움을 받는 것이 그나마 도움이 될 것이다.

물놀이 안전사고

라오스의 물놀이 장소는 석회질이 함유돼 천연 에메랄드 빛을 내는 푸른 색 물이 있는 곳들이다. 그 중 물놀이 관련 사고가 가장 자주 일어나는 곳은 블루 라군 1과 꽝시 폭포다. 블루 라군 1은 물도 깊은데다 다이빙 포인트가 높아 충돌 사고나 익사 사고가 간간히 일어난다. 반드시 순서를 지키고 사람을 살펴

가며 다이빙하고, 구명조끼를 입는 것이 필수다. 특히 꽝시 폭포는 블루 라군보다 물색이 더 탁하며 어디에 무엇이 있는 지 알 수 없고, 수심도 일정하지 않다. 머리부터 다이빙했다가 바위에 머리를 박고 사망하는 경우가 1년에 몇 명 씩 있으므로 다이빙은 금지다.

교통 관련 사건 및 사고

라오스는 불편함을 참고 넘어가는 문화가 있기 때문에 암묵적으로 경음기를 사용하지 않는다. 답답함에 섣불리 눌렀다가 시비에 걸릴 수 있으므로 마음을 내려놓고 운전하는 것이 좋다. 또 라오스 여행 중 버기카나 오토바이를 타다가 사고나는 한국인 여행자들이 꽤 많다.

렌트 업주는 면허가 있든 말든 렌트해주지만, 무면허 운전자가 사고를 일으킬 경우 벌금이 부과되므로 자신이 없다면 운전하지 않는 것이 좋다. 또 현지인과 직접적인 교통사고가 날 경우 처리 절차나 시간이 상당히 걸려 여행에 차질이 생긴다. 운전에 미숙하고 사건사고가 걱정된다면 렌트를 하지 않는 것도 현명한 방법이다.

건강 문제

라오스는 필수 접종이 있는 국가는 아니지만, 권장하는 예방 접종은 A형 간염, 장티푸스, 말라리아, 파상풍 접종이 있다. 거의 대부분의 사람들이 접종하지 않고 가지만 개인의 건강 상태와 염려에 따라 선택하는 것이 좋다. 항체가 형성되려면 최소 2주가 걸리므로 출국 전 넉넉히 기간을 두고 접종해야한다.

라오스에서 생기는 건강 문제는 거의 위생과 관련해 생기는 문제다. 현지에서는 청결하지 않은 현지 음식 때문에 탈이 나는 경우가 제일 많기 때문에 길거리 음식이나 노점 음식은 위생과 청결을 관찰한 후 구매해 먹는 것이 좋다. 물은 생수를 사먹는 것이 필수적이며, 설사병이나 장염에 걸렸을 경우 한국에서 준비한 상비약을 먹는 것이 몸에도 잘 듣는다.

라오스 긴급전화(응급상황 시)

- **비엔티엔시 구조대** : 1623, 1624, 1625, 1628
- **사완나켓주 구조대** : 020-2828-5454
- **방비엥 군립병원** : 023-511-019 / 020-5562-3256
- **루앙프라방주 주립병원** : 020-2864-1240 / 020-2864-1248 / 030-200-9379

위의 번호를 누르고 현재 위치(큰 건물이나 유명한 곳을 언급)와 상황을 설명해야하지만, 라오스 언어로 말해야하므로 현지인에게 도움을 요청해야한다.

의료기관 연락처

- **비엔티안 앰뷸런스** : 1195 (24시간 운영, 기본영어 가능자 근무)
- **비엔티안 Alliance Medical centre** : +856-20-5461-3492,+856-20-5552-9711
  (24시간 구조대, 응급실, 태국후송, 영어가능)
- **긴급 헬리콥터 후송서비스** : 라오스카이웨이 1441 / 020-5595-2421 / 0205445-2233

라오스 한국 대사관 정보

한국 대사관과 영사과는 비엔티안 크라운 플라자 호텔의 사무동인 로열스퀘어 빌딩에 있다. 머큐어 호텔, 짜오파움 공원과 인접한 곳으로 라오스어로는 "홍햄 크라운 파자 뜩 로얄 스퀘"라고 부른다.

- **위치** : 비엔티안 로열스퀘어 빌딩 4,5층
- **주소** : Embassy of the Republic of Korea, 4-5th Floor of Royal Square Office Building, 20 Samsenthay Road, Noongduangnuea Village, Sikhottabong District, Vientiane Capital
- **메일** : laos@mofa.go.kr
- **근무시간** : 오전 08:30~12:00, 오후 13:30~17:00 (평일 월-금) / 매주 토,일 휴관
- **민원실 개방시간** : 오전 08:30~11:30, 오후 13:30~16:30 (평일 월~금)
- **사증접수** : 오전 08:30~11:30 (평일 월~금)
- **휴관일** : 2019년 기준

2019년 라오스 공휴일		우리나라 4대 국경일	
1/1 (화)	신년	3/1 (금)	3.1절
3/8 (금)	국제여성의 날	8/15 (목)	광복절
4/14~16 (일~화)	라오스 신년	10/3 (목)	개천절
5/1 (수)	근로자의 날	10/9 (수)	한글날
[임시] 10/14(월)	Boat Racing Festival	[임시] 12/25(수)	크리스마스
[임시] 11/11(월)	Thatluang Festival		
12/2 (월)	라오스 국경일		

- **긴급 사건사고 민원** : 업무시간(월~금, 오전 08:30-12:00, 오후 13:30-17:00)
- **한국 내** : 국제전화번호 (예: 001, 002 등) 누른 후 856-21) 255-770~1
- **라오스 내** : 021) 255-770~1
- **업무시간 외 당직전화**
  한국 내 : 국제전화번호 (예:001, 002) 누른후 856-(0)20) 5839-0080
  라오스 내 : 020) 5839-0080

라오스 여행사기 유형

라오스에서 당할 수도 있는 사기는 동남아의 다른 국가들과 크게 다르지 않다. 그러나 다른 나라들처럼 밥 먹듯이 사기를 치거나 터무니없는 사기를 치지는 않는다. 일단 전체적인 비율은 작어도 본인에게 일어나면 100%가 되므로 언제나 조심해야하는 것이 중요하다.

환전 사기

어느 나라에서나 당할 수 있는 흔한 사기다. 또 라오스는 화폐 단위가 크기 때문에 쉽게 혼동할 확률도 높다. 환전 금액을 받았을 때는 본인이 환전한 금액이 맞는지 그 자리에서 즉시 확인하고, 만약 차액이 있다면 제대로 된 환전 금액을 요구해야한다.

그러나 끝 세자리가 500낍~1000낍 이하로 떨어진다면 500낍만 줄 때도 있다. 라오스에서 통용되는 최소 화폐 단위가 500낍이기 때문에 100낍 단위 화폐를 주지 않는 것이다. 이것은 사기가 아니라 라오스의 사회 문화이므로 수긍하고 넘어가야 한다.

택시 사기

사실 라오스에서 일어나는 택시 사기는 사기라고 말하기 좀 어렵다. 인원수와 시간대, 행선지에 따라서 택시 기사 재량으로 달라지기 때문이다. 물론 기존에 이야기 했던 것과 조건이 달라지면 속은 것 같고 불쾌한 느낌이 들긴 하겠지만, 너무 터무니없는 조건이 아니라면 라오스의 문화려니 하고 넘어가는 것이 좋다.

택시 기사들 중 가끔 조금 더 비싼 가격을 제시하는 사람이 있을 수도 있다. 택시를 이용하기 전, 본인이 이용할 구간을 타봤던 다른 여행자들은 평균적인 이용 금액을 찾아본 후 적당히 흥정하는 것이 좋다.

도박 사기

라오스에서 조금씩 피해가 늘어가고 있는 신종 사기다. 처음에는 여행자에 대한 순수한 관심이 있는 척 다가와서 어느 정도 친해진 후, 자기가 아는 식당이나 집으로 가 식사를 대접하고 싶어 한다. 여기까지는 일반적인 현지인의 집 초대와 다름이 없지만, 식사를 하고 음료를 마시며 카드 게임에 대한 이야기를 시작한다면 무조건 도박 사기다. 이때는 섣불리 도망가려 하지 말고 관심을 보이는 척 태연하게 이야기를 잘 들어주다가, 현재 소지하고 있는 금액이 없으니 은행이나 숙소에 다녀오겠다고 하며 나와야한다. 100퍼센트의 확률로 따라올 것이기 때문에 사람이 많은 곳으로 나오게 된다면 경찰서나 한인 가게가 있는지 주의 깊게 살펴보며 걷자. 만약 발견한다면 즉시 뛰어 들어가 도움을 요청해야한다.

라오스 여행 소매치기 유형

라오스에서 당할 수도 있는 소매치기 또한 세계 여러나라의 국가와 다르지 않다. 다른 나라보다는 일상적인 소매치기가 많이 없는 편이지만, 위에서도 말했듯 일단 전체적인 비율은 적더라도 본인에게 일어나면 100%가 되므로 언제나 조심해야하는 것이 중요하다.

차량 이동 시 절도

라오스에서 가장 흔하게 일어나는 소매치기 유형이다. 라오스에 도착한 여행자들이 방비엥이나 루앙프라방으로 미니밴이나 버스를 타고 이동할 때는 짐칸에 배낭을 따로 두게 된다. 이때 가방이나 가방안의 물품 및 현금을 도난당하는 일이 자주 발생하므로 귀중품과 현금은 꼭 소지한 후 타는 것이 매우매우 중요하다.

오토바이 날치기

라오스에서 점점 늘어나고 있는 소매치기 유형이다. 식당이나 카페의 야외 테라스에 앉아있는 여행자의 가방을 탈취하고 달아나거나, 도보로 이용하는 여행자의 가방을 탈취하거나 또는 가방 끈을 칼로 끊어내고 탈취해간다. 최근에는 자전거의 앞 바구니에 넣어놓은 가방을 쏙 뺀 후 빠른 속도로 달아나는 오토바이 소매치기도 늘어나고 있으므로 언제나 주의하는 것이 중요하다.

숙소 침입 후 탈취

대체로 여행자가 방을 비운 사이에 침입하여 물품과 현금을 털어간다. 주로 게스트하우스나 호스텔에서 자주 일어나지만, 호텔도 없지는 않다. 최근에는 잠금 장치를 해두어도 파손해버린 후 탈취해가는 경우도 계속 늘어나고 있다. 귀중품이나 높은 액수의 현금은 항상 가지고 다니는 것이 마음에도 편할 것이다.

라오스 여행의 주의사항과 대처방법

로컬 시장 / 야시장

어느 곳이나 사람이 북적대는 곳에는 소매치기가 있다. 특히 로컬 시장이나 야시장은 여러 가지 신기하고 눈길이 가는 물건이나 먹을거리에 관심이 집중되기 때문에 소매치기를 당할 확률도 높다. 현금은 너무 보이게 들고다니지 말고 물건을 구매할 때 마다 조금씩 꺼내어 사용해야 한다. 또 지갑은 가방 깊숙히 넣은 후 앞으로 가방을 매는 것이 좋다.

라오스는 다른 나라의 시장에 비해 소매치기가 없는 편이므로 너무 무서워할 것은 없다. 그저 너무 긴장을 풀지 말고 적당하게 주의하는 것이 좋다.

레스토랑 / 식당

다른 나라의 레스토랑이나 식당을 이용할 때 흔히 발생하는 사기는 먹지 않은 음식이 계산서에 들어가 있는 것이다. 라오스에서는 이러한 계산 사기가 흔하지는 않지만 종종 일어나기도 하므로, 무조건 돈을 주기보다 계산서를 꼼꼼히 확인해보는 것이 좋다. 본인이 주문하지 않은 메뉴의 금액이 추가돼있다면 꼼꼼히 따져물어보면 된다. 또 라오스의 식당 테이블에 비치돼 있는 물은 유료인 경우가 많다. 마신 후에 계산서에 표시돼 있다면 그대로 계산하면 된다.

팁 문화

본래 팁 문화가 정착되지 않은 나라였으나, 관광객이 몰려들기 시작하면서 고급 호텔이나 식당에서의 팁 지불이 점차 늘어나고 있는 추세이긴 하다. 만약 팁에 따라서 서비스의 질 차이가 나는 것을 이용한다면 팁을 먼저 주는 것도 좋다. 그러나 팁은 언제까지나 여행자의 만족이 선행되어야 하므로 팁에 너무 신경을 쓰거나 부담을 갖지 않아도 된다.

하지만 마사지 이용 시에는 팁이 기본적이다. 대체로 1시간에 1불, 또는 만 낍 정도 지불하는 것이 암묵적인 관례이므로, 너무 나쁜 서비스를 받았다고 생각되지 않는 이상 기분 좋게 주고 나오는 것이 좋다.

TCK
www.tckadventureslaos.com

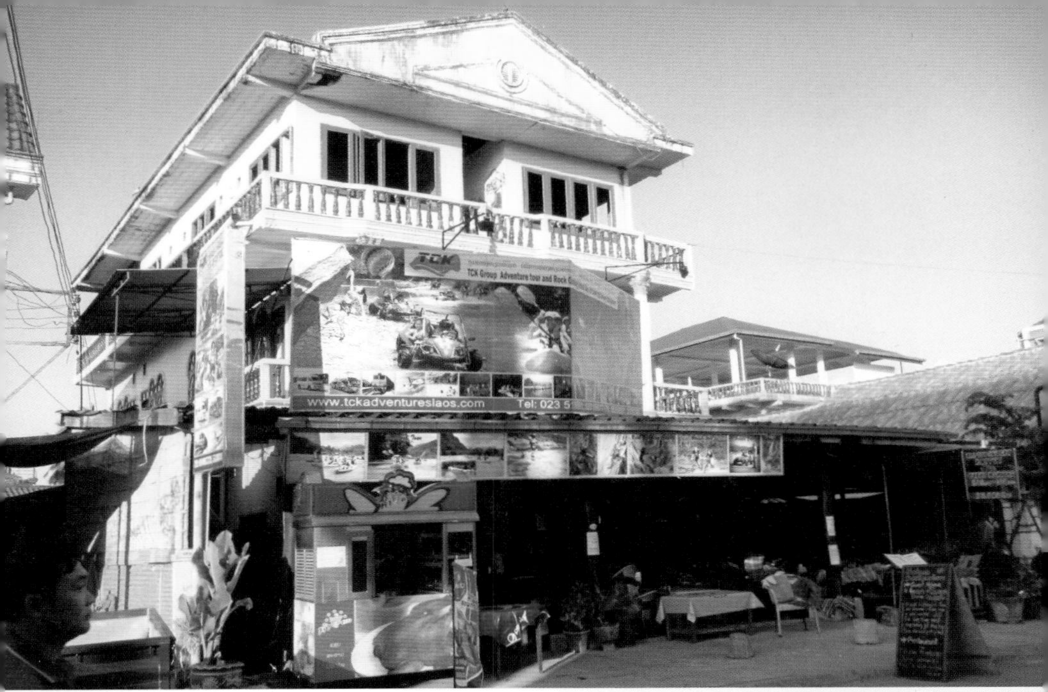

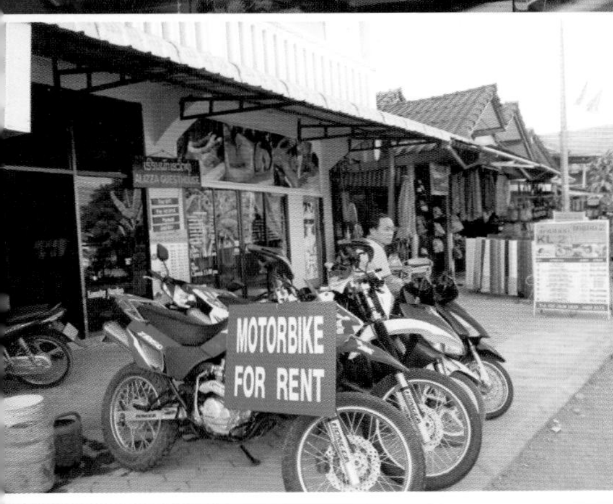

MOTORBIKE
FOR RENT

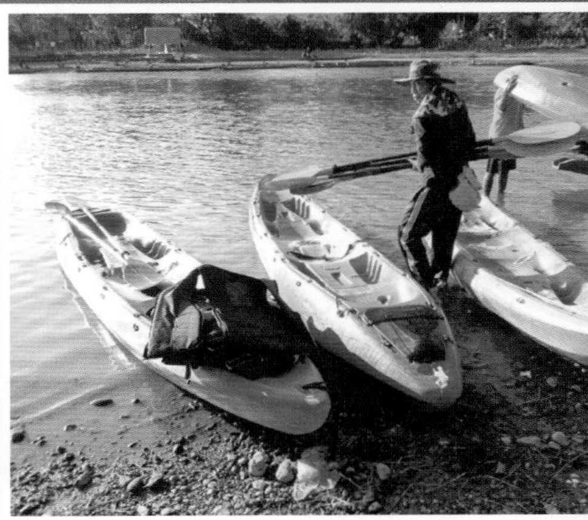

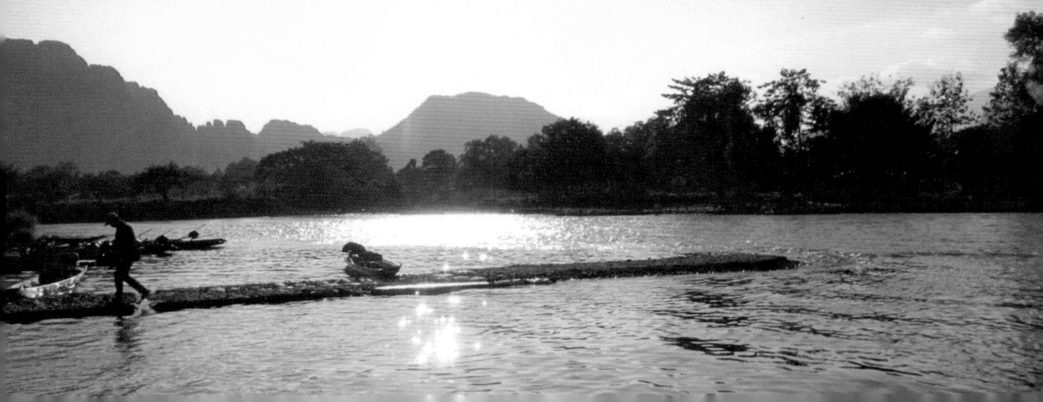

Vientiane

비엔티엔

Beeline
Beeline
Beeline

라오스 출국

라오스의 비엔티엔에서 모든 항공기가 출국을 한다. 라오항공도 루앙프라방에서 비엔티엔으로 이동 후 출국을 하기 때문에 루앙프라방에서 출국하는 항공기는 없다. 자신의 출국시간을 잘 확인하고 2시간 전에 미리 도착해 출국을 하면 된다. 비엔티엔의 왓따이 국제공항이 작아서 1시간 전에만 와도 출국이 가능하지만 급하게 출국을 하다보면 문제가 생기게 된다.

라오스 취항 항공사 출국 시간표

출국카드 작성방법

항공사	출 발	도 착	경 유
진에어	23시 55분	06시 45분	직항
라오 항공	23시 50분	06시 40분	직항
베트남 항공	11시 35분 14시 40분 20시 05분	다음날 05시 05분 다음날 05시 30분 다음날 16시 30분 다음날 18시 35분	호치민 / 하노이
타이 항공	13시 40분 21시40분	다음날 06시 35분 다음날 16시 15분 다음날 20시 05분	방콕

진에어

라오항공

베트남항공

타이항공

ບັດແຈ້ງອອກເມືອງ DEPARTURE　ດ່ານຂາອອກ / Check point: .... 0057032 / ສບ

ນາມສະກຸນ Family name: 성　ຊື່ Name: 이름

ວັນເດືອນປີເກີດ Date of birth: 생년월일　ສະຖານທີ່ເກີດ Place of birth: 출생지

남자 Male ☐　여자 Female ☐	ສັນຊາດ Nationality:	ອາຊີບ Occupation: 직업	ວັນທີ Date: ..../..../....
ໜັງສືຜ່ານແດນເລກທີ Passport No: 여권번호	ລົງວັນທີ Date of Issue: 여권발행일	ອອກໃຫ້ທີ່ Place of issue: 여권발행지	ລາຍເຊັນ Signature: 서명
Last residence in Lao PDR before leaving:		ສຳລັບເຈົ້າໜ້າທີ່ For official use only	

Instruction

1. Holders of passports and their dependants must complete a card when entering to or departing from Lao PDR.
2. Please complete the card in block letters.
3. The departure portion must be retained in the passport or travel document and submitted to the Immigration Officer on leaving Lao PDR.
4. Persons entering Lao PDR for enployment and official purposes (other than in a diplomatic mission) must register at an office of the department of Immigration.
5. Persons wishing to extend their visa can apply for at an office of the Department of Immigration.

Note: Persons overstaying their visa will be fined for each day in excess.

출국절차

비엔티엔의 왓따이 국제공항의 1층 오른쪽에 항공사들이 서비스를 하고 있다.

1. 해당 항공사 앞으로이동

왓따이 국제공항은 매우 작아서 1층으로 들어서면 오른쪽에 항공사들이 모여 있다. 여권과 항공권을 준비해둔다.

2. 출국카드작성

기내에서 나눠주었던 입국카드에는 같이 출국카드가 붙어있다. 입국카드만 제출하고 출국카드는 가지고 있을 것이다. 라오스에서 출국할 때에 제출해야 한다. 하지만 없다고 걱정할 필요는 없다. 2층에 올라가면 출국카드를 작성할 수 있다.

3. 출국심사

2층으로 올라가면 줄을 서서 차례를 기다린 후 자신의 차례에 출국심사를 하고 지나간다. 만약 출국카드가 없다면 오른쪽에 출국카드가 있으니 미리 작성하고 출국심사를 받자.

4. 면세점 쇼핑이나 사전에 게이트에서 대기하기

출국심사가 끝나면 면세점으로 가서 쇼핑이나 해당 게이트에서 대기하면 된다. 공항이 작고 거의 한국인들이 많아 게이트는 찾기가 쉽다.

5. 게이트를 지나 비행기에 탑승

면세점에서 쇼핑도 중요하지만 진에어같은 저가항공이라면 음식도 구입을 해야 하니 사전에 먹을 음식을 구입해 놓으면 편리하다. 라오항공은 저가항공이 아니라서 사전에 먹거리를 구입할 필요는 없다.

라오스 시내 교통수단

라오스 시내에서는 버스를 탈 일이 거의 없다. 대부분은 걸어서 다닐 수 있을 정도로 도시가 작고 방비엥이나 루앙프라방에서는 자전거를 타고 여유롭게 다니기 때문이다. 조금 멀리 가고 싶다면 대부분은 '뚝뚝'을 이용하여 이동을 하면 되기 때문에 택시나 시내버스는 거의 이용하지 않는다.

뚝뚝(Tuk – Tuk)

공항에서 비엔티엔 시내로 들어 올때를 빼고 라오스에서 택시를 이용할 일은 거의 없다. 택시의 교통기능을 뚝뚝이 대신하고 있다고 생각하면 뚝뚝의 역할을 쉽게 이해할 수 있다. 엔진소리에서 '뚝뚝'거린다고 뚝뚝이라고 한다는데 라오스에서 뚝뚝은 매우 편리한 교통수단이다. 다만 요즈음 뚝뚝이를 탈때는 흥정을 잘해야 한다. 현지인들보다 2~3배는 높게 부르면서 바가지요금을 내도록 하기 때문이다. 먼거리가 아니라면 1만낍이상 사용은 바가지라고 생각하면 된다.

점보(Jumbo)

뚝뚝이보다 큰 뚝뚝이를 점보라고 부른다. 점보는 이동거리가 길 때 5명이상을 태우고 관광지를 30분이상일 때 사용하지만 '뚝뚝'과 다른 점은 거의 찾을 수 없다. 그러므로 뚝뚝과 구별하려고 하지 말자.

자전거(Bicycle)

방비엥이나 루앙프라방에서 시내를 둘러볼 때 걷는 것이 힘들다고 생각된다면 자전거를 타고 둘러보면 좋다. 자전거는 한가로운 시내를 둘러보며 여유를 느끼고 싶을 때, 해지는 쏭강이나 메콩 강의 아름다운 모습을 볼 때 더욱 유용하다. 나무다리를 자전거와 건너는 분위기는 라오스 여행에서의 또 다른 재미라고 할 수 있다.

시내버스(Bus)

시내버스는 수도인 비엔티엔에만 존재한다고 알고 있으면 문제가 없다. 경제개발이 시작된 라오스는 비엔티엔에만 에어컨 버스가 아침 06시부터 17시 정도까지 운행을 하고 있다. 요금은 기사에게 직접 내면 되지만, 관광객은 거의 사용하지 않는다.

라오스 도시간 이동 교통수단

라오스에서 도시를 이동할 때 가장 많이 사용하는 교통수단은 버스이다. 기차는 레일이 깔려 있지않으니 사용이 불가능하고 항공기는 배낭여행이 주인 라오스여행에서는 일부만 사용을 하고 있다. 가장 많이 라오스에서 여행하는 비엔티엔, 방비엥, 루앙프라방은 매일 버스가 운행되고 있다.

버스의 종류는 3가지로 분류할 수 있다. 가장 많이 이용하는 버스는 VIP버스로 장거리를 달리는 2층짜리 커다란 코치버스를 말한다. 라오스여행은 대부분 배낭을 메고 다니는 여행자가 많아서 짐을 잘 실어서 이동시키는 것이 중요하다. 그래서 더욱 VIP코치버스가 유용하다. 일반버스와 작은 미니벤도 운행을 하고 있지만 불편하기 때문에 사용빈도는 높지 않다. 일반버스는 우리나라의 일반 고속버스라고 생각하면 되고, 미니벤은 우리나라의 봉고차인 9~11인승을 말한다. 미니벤은 현대자동차의 스타렉스가 많이 이용되고 있다.

▲ VIP버스

슬리핑버스

라오스에서 방비엥과 루앙프라방이나 비엔티엔과 루앙프라방을 이동할 때 많이 이용하는 슬리핑버스가 있다. 슬리핑버스는 이름처럼 자면서 이동하는 버스로 1박을 버스에서 지내면서 도시를 이동하는 버스이다. 라오스에서 여행경비를 줄이려는 배낭여행자들의 기호에 맞는 이동 수단이다.

▲ 신발을 벗고, 버스에 탑승

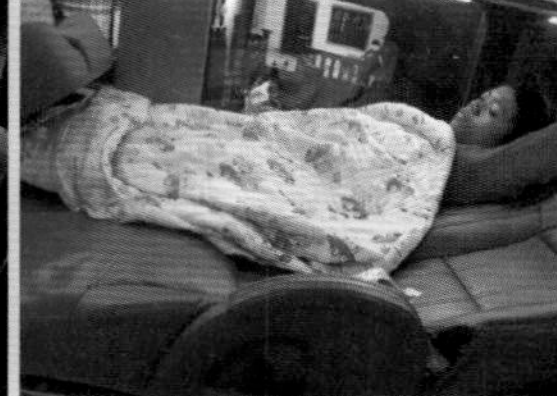

▲ 누워서 자도록 자리를 배치

라오스 버스 이용

비엔티엔에서 방비엥으로 가는 버스티켓은 호텔이나 게스트하우스, 투어회사에서 판매하고 있어서 대부분의 관광객들은 버스터미널로 가서 버스탑승권을 구입할 필요가 없다. 숙박업소부터 투어회사들이 고객의 도시이동예약을 받으면 버스터미널에 전화를 하여 신청을 대행해주고 수수료를 받는 구조로 버스티켓을 구입하는 것이다.

그리고 루앙프라방에서는 버스터미널까지 대개 2만낍(kip)을 내고 뚝뚝을 타고 이동하기 때문에, 추가 비용도 생각해 주어야 한다.

MINI BUS

VIENTIANE	9:30am	1:00pm
VIENTIANE	1:30am	5:30pm
LUANGPRBANG	9:00am	3:00pm
LUANGPRBANG	2:00pm	8:00pm
LUANGPRBANG	3:00pm	9:00pm
PHONESAVANH	9:00am	4:00pm
CHIANGMAI	1:30pm	6:30pm

VIP BUS

VIENTIANE	10:00am	2:00pm
VIENTIANE	1:00pm	5:00pm
LUANGPRBANG	1:00am	5:00pm
BANHKOK	1:30pm	6:00am
CHIANGMAI	9:00am	6:00am

SLEEPING BUS					
THAM KONGLOH	10:00am	4:00pm	SIEMREAP	1:30pm	36H
THAKHEK	12:00pm	6:00pm	PHNOMPENH	1:30pm	30H
SAVANHNAKHET	1:30pm	7:00pm	HANOI	1:30pm	4:00pm
PAKZE	1:30pm	7:00am	DANANG	1:30pm	11:00pm
SIPHANHDON	1:30pm	10:00am	HUE	1:30pm	4:00pm
			VINH	1:30pm	4:00pm

✻ 주의사항

버스로 이동을 할 때 가끔이지만 도난사고가 발생을 하고 있다. 짐을 싣고 버스의 자리에 앉아 있을 때에 짐을 훔쳐가는 사고가 발생하기 때문에 짐을 잘 확인하고 탑승해야 한다.

Vip버스는 1층에 짐을 싣고 2층에 탑승을 하고 미니벤은 버스위에 짐을 싣게 된다. 미니벤은 내리기가 쉬워서 미니벤의 도난사고가 더 많아지고 있다.

비엔티엔 ⇄ 방비엥 ⇄ 루앙프라방

비엔티엔에서 방비엥까지는 4시간 정도, 방비엥에서 루앙프라방은 6시간 이상이 소요된다. 대부분 각 도시에서 오전과 오후 야간의 슬리핑버스를 운행하고 있다. 각 도시를 이동하는 버스는 한번 이상 휴게소에 들르는데, 우리나라처럼 화장실을 사용하거나 간식거리나 식사를 할 수도 있다. 다만 방비엥에서 루앙프라방구간은 VIP버스에서 쿠폰으로 식사를 하도록 되어 있다.

휴게소와 화장실 모습

라오스 국내선 이용방법

라오스, 비엔티엔에서 루앙프라방까지 버스로 이동하는 시간이 10시간 이상이라 시간을 아끼고 싶은 여행자들은 라오항공 국내선을 이용하고 있다. 비행기로 이동하고 싶다면 투어회사에서 국내선을 알아볼 수 있지만 12~3월의 성수기에는 라오스로 떠나기 전에 국내선을 결재하고 출발해야 이용할 수 있다.

현지에서는 비싼 좌석만 남아 있기 때문이다. 예전에는 비싼 좌석도 10만원 정도면 가능했지만, 지금은 15만원 이상을 줘야 국내선 탑승이 가능하므로 사전에 미리 좌석을 알아보고 이용하도록 하자.

라오스에서 국내선을 운행하고 있는 항공사는 라오항공과 라오센트럴항공이 있다. 국내선을 예약하는 방법은 라오항공 본사 홈페이지를 이용하는 방법(http://www.laoairlines)과 대행사인 트래블 라오(http://www.travellao.com)를 이용하는 방법이 있다. 라오항공 홈페이지에서는 이용하기가 쉽지 않고, 트래블라오를 이용하는 방법이 일반적이다.

확인사항

1. 비엔티엔이나 루앙프라방의 국내선 터미널은 20분도 걸리지 않는다. 그러므로 최소 1시간 전에는 도착하여 체크인을 하고 이용하여야 하지만, 이용 고객이 많아지고 있어 1시간 30분 전에는 도착하자.
2. 베트남항공과 진에어나 라오항공은 출발시간과 도착시간이 달라 국내선이용시간이 다르다. 사전에 이용 가능한 항공시간을 확인하고 이용해야 한다.
3. 국제선 라오항공을 이용하는 고객은 루앙프라방에서 인천까지, 인천에서 루앙프라방까지 짐을 보낼 수 있다. 사전에 문의하여 편리하게 이용해보자.

위의 3가지를 확인하여 국내선을 이용하면 시간을 효율적으로 사용하면서 라오스여행이 가능하다.

비엔티엔 지도

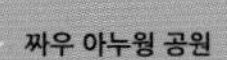

레스토랑

1. 콩 뷰 레스토랑
2. 하이랜드 바 & 레스토랑
3. 콩카오
4. 땀무아
5. 스피릿 하우스

호텔

1. 머큐어 비엔티엔
2. 크라운 플라자 호텔
3. 파크 뷰 이그제큐티브 스위트
4. 메콩 호텔
5. 시즌스 리버사이드 호텔
6. 완싸나 리버사이드 호텔
7. 호텔 보리바쥬 메콩
8. 씨홈 백패커스 호스텔
9. 이엔티엔 가든 호텔
10. 쑤완나 호텔
11. 라깨우 벨 빌라
12. 빌라 탓 루앙
13. 라오 플라자 호텔
14. 그린 파크 부티크 호텔
15. 만다라 브티크 호텔
16. 빌라 마노리
17. 돈짠 팰리스 호텔

빠뚜싸이

싸오

딸랏싸오
버스터미널

쿠딘시장

왓 씨므앙

한인업소

① 밥집(한식당)
② 대장금(한식당)
③ 폰 트래블(여행사)
④ 독짬빠(한식당)
⑤ 알디 세스트하우스 RD

레스토랑

① 퍼 쌥(1호점)
② 퍼 쌥(2호점)
③ 탓 담 와인하우스
④ 쿠아 라오
⑤ 블랙 캐니먼 커피
⑥ 퍼 융
⑦ 라오치킨
⑧ 노이프루트헤븐
⑨ 싸요 그릴하우스
⑩ 피자 컴퍼니
⑪ 스웬센 아이스크림
⑫ 남푸 커피(까페남푸)
⑬ 쌍쿠 레스토랑
⑭ 스칸디나비안 베이커리
⑮ 오페라
⑯ 위앙싸왕
⑰ 광동주루
⑱ 르실라빠
⑲ 트루 커피
⑳ 컵짜이더
㉑ 조마 베이커리 카페
㉒ 암폰
㉓ 리틀하우스 카페
㉔ 르 크로와상 도르
㉕ 르 바네통
㉖ 아리아 이탈리안 컬리너리 아트
㉗ 라드헤스 퀴진 바이티나이
㉘ 막팻
㉙ 낭캄방
㉚ 커먼 그라운드카페
㉛ 한 쌈으아이넝
㉜ 나집 레스토랑
㉝ 르 크로와상 도르(분점)
㉞ 반 라오 레스토랑
㉟ 두앙 드안 레스토랑
㊱ 후지 레스토랑
㊲ 카페 씨눅
㊳ 촉디 카페

나이트라이프

① 쌈러 펍
② 재지 브릭
③ 보뺀양
④ 스티키 핑거스

호텔

① 싸이롬엔 게스트하우스
② 비엔티엔 플라자 호텔
③ 쎄 타 팰리스 호텔
④ 문라이트 짬빠
⑤ 싸이쏨분 호텔
⑥ 짜런 싸이 호텔
⑦ 시티 인 비엔티엔
⑧ 데이 인 호텔
⑨ 싸바이디 앳 라오 호텔
⑩ 라오 플라자 호텔
⑪ 원더랜드2 게스트하우스
⑫ 씨리1 게스트하우스
⑬ 라오 헤리티지 호텔
⑭ 드래곤 로지 게스트하우스
⑮ 라오 호텔
⑯ 하이쏙 게스트하우스
⑰ KP호텔
⑱ 모노롬 부티크 호텔
⑲ 씨리2 게스트하우스
⑳ 와이야꼰 인
㉑ 미쏙 게스트하우스
㉒ 미쏙 인
㉓ 와이야꼰 게스트하우스
㉔ 싸바이디 게스트하우스

VIENTIANE

진에어를 타고 비엔티엔으로 입국하면 밤 11시가 넘는 시간에 공항에 도착하기 때문에 시내로 들어가는 방법이 택시밖에는 없다. 시내에서 서쪽으로 4㎞가 떨어져 있는 왓따이 국제공항은 가장 좋은 이동방법이 택시이다. 라오스 여행에서 만난 한 대학생은 국제공항에서 시내까지 걸어서 들어오는 데 50분정도가 걸렸다고 이야기해 주었는데 밤에는 개들이 달려들어 무서웠다고 하니 걷는 방법은 좋은 방법이 아닌 것 같다.

여행객이 3명이상이라면 택시요금이 싸다. 아니면 버스를 타고 시내로 들어가면 되지만 대단히 불편하다. 거의 버스로 비엔티엔 시내로 들어가는 경우는 없다. 4명이하의 인원이 탑승하는 소형택시는 7달러($)이고 9명이 탑승하는 봉고택시는 8달러($)이다. 공항에서 시내로 들어가는 전용기차는 없다.

공항에서 시내 IN

비엔티엔 시내로 들어가기 위해서는 버스와 기차가 가장 좋은 방법이다. 태국 방콕에서부터 기차가 있어 비엔티엔으로 들어갈 수 있다. 유럽과는 다른 기차지만 태국 방콕과 농카이에서 야간기차로 라오스로 입국이 가능하다. 비엔티엔은 메콩강을 사이로 태국과 국경선을 바라보고 있어 태국에서 먼 듯한 느낌은 없다. 버스터미널이나 기차역에서는 뚝뚝을 타고 숙소나 시내로 들어가면 쉽게 이동이 가능하다.

버스터미널

비엔티엔에는 버스터미널이 3곳이 있는데 중국과 방비엥을 다니는 북부 버스터미널과 베트남과 남부지방을 운행하는 남부버스터미널, 시내지역과 방비엥의 일부노선을 가는 딸랏사오 버스터미널이 운영되고 있다.

버스 터미널	위치	운행지역	버스터미널
북부버스터미널	비엔티엔에서 북서쪽으로 2km	중국과 방비엥, 루앙프라방	방비엥 : 4~6만낍(Kip) 루앙프라방 : 11~15만낍(Kip)
남부	시내에서 9km 떨어져 있음	남부지방 베트남	빡세 : 11~17만낍(Kip)
딸랏사오	아침시장 옆에 위치	비엔티엔 근교와 시내 태국의 국제버스	방콕 : 25만낍(Kip)

베스트 코스

비엔티엔의 도시 자체의 매력은 방비엥이나 루앙프라방에 비해 떨어진다. 하지만 도시를 반나절 정도를 둘러보고 다양한 카페에서 여행의 마지막을 보내며 여유롭게 여행을 정리할 수 있다.

짜오아누윙 공원 → 왓짠 → 왓 옹뜨 → 왓 미싸이 → 국립박물관/국립문화회관 → 남푸 분수대 → 분수대 근처의 카페에서 휴식 → 대통령궁 → 왓 시싸켓 → 왓프라깨우 → 빠뚜싸이(뚝뚝이 이용)

시내 중심
Center of the city

메콩강을 바라보는 짜오 아누윙 공원 앞에는 강변 도로와 산책로가 같이 있다. 그 건너편에 대통령궁과 왓 프라깨우, 다시 그 건너편에 남푸분수대와 왓 씨싸캣, 국립박물관이 있는데 타논 쎄타티랏 거리 Thanon Setthathiraat과 타논 쌈쎈타이 거리 Thanon Samsenthai와 비엔티엔의 번화가이다. 강변 산책로 앞에는 저녁에 야시장이 열리는데, 비엔티엔 시민들이 해질 무렵부터 단체로 춤을 추는 모습과 저녁의 야시장의 활기찬 모습을 보노라면 발전이 시작된 라오스의 모습을 느낄 수 있다.
비엔티엔은 수도이지만 다른 도시보다 둘러볼 볼거리가 많지 않다. 그래서 대부분의 관광객들은 비엔티엔은 반나절이나 1일만 여행하고, 방비엥으로 이동한다. 아니면 비엔티엔에서 루앙프라방으로 라오 국내선을 타고 이동하는 경우가 대부분이다.
비엔티엔의 대부분의 사원들은 전쟁으로 폐허가 된 사원을 새롭게 복원하여, 루앙프라방 사원에 비해 역사적인 가치는 떨어진다. 남푸 분수대는 비엔티엔의 시내 중심가로, 1960대부터 개발이 되어 지금

은 이국적인 레스토랑들이 즐비하여, 여행자들이 저녁시간에 시간을 보내는 곳이 되었다.

남푸 분수대
Nampou fountain

1969년대부터 개발이 시작되어 강변을 중심으로 짜오 아누윙 공원과 건너편 도로에 남푸 분수대를 만들고 프랑스분위기의 카페가 모여들면서 우리나라의 명동같은 번화가가 되었다.
라오스의 대표적인 빵집인 조마 베이커리와 이국적인 레스토랑이 남푸 분수대

를 중심으로 비엔티엔의 밤을 밝히고 있다. 낮에는 분수가 나오지 않고, 저녁에는 조명과 함께 분수대의 아름다운 장면을 볼 수 있다.

왓 시사켓
Wat Sisaket

비엔티엔에서 가장 오래된 사원으로, 정문에 들어서면 화려한 탑들과 불상들이 보인다. 1818년 짜오 아누웡 왕이 건설한 사원으로 라오스양식이 아니고 태국양식

으로 지어졌다. 싸얌왕국의 지배에서 벗어나려고 짜오 아누웡 왕이 전쟁을 시작했지만 결국 전쟁에 패하면서 싸얌 왕국은 비엔티엔을 약탈한다. 비엔티엔의 사원들을 파괴하였지만 태국양식으로 건설된 왕 시사켓은 피해를 입지 않았다.
라오스 역사에서는 굴욕적인 사원이라고 할 수 있지만 옛 모습을 간진한 왓 시사켓은 지붕과 대법전을 다른 사원들과 비교하면서 볼 필요가 있다. 대법전에서는 승려들이 출가의 의식을 거행하는 장소로도 사용된다. 내부는 다른 사원들과 비슷하게 붓다의 생을 그려놓았고, 6,800여개의 다양한 불상을 볼 수 있는 것이 가장 큰 매력이다.

위치_ 대통령궁에서 길을 건너 오른쪽
입장시간_ 08시~12시, 13시~16시
요금_ 5천낍(Kip)

왓 프라깨우
Wat Phra Kaew

루앙프라방에서 비엔티엔으로 수도를 옮기면서 지은 사원인 왓 프라깨우는 1565년에 지어졌지만 싸얌 왕국과의 전쟁으로 페허가 되었다. 애메랄드라는 뜻의 '프라깨우' 불상은 1779년 약탈로 태국의 방콕에 있다.
사원도 파괴되어 1940년대부터 복원이 되었다. 사원은 거의 파괴되어 라오스사람들도 '호 프라깨우'라고 부르면서 사원의 의미는 축소되어 있다. 불상이 전시된 박물관으로 사용되고 있어 사원을 중점적으로 볼 필요는 없다.

위치_ 대통령궁 옆
입장시간_ 08시~12시, 13시~16시
요금_ 5천낍(Kip)

빠뚜사이
Patuxai

프랑스 파리의 개선문을 보고 모방하여 지은 빠뚜사이는 대통령궁에서 양쪽으로 나 있는 도로에 정면으로 보인다. 빠뚜사이의 계단을 올라가 비엔티엔을 바라보면 발전을 하고 있는 라오스의 모습이 느껴진다. 크게 나 있는 도로와 잘 정비된 공원이 인상적이다. 빠뚜사이에서는 유럽의 한 도시에 와있는 듯한 생각이 들기도 한다.

위치_ 타논란쌍 거리 끝
입장시간_ 월~금요일 08시~16시, 주말 08시~17시
요금_ 5천낍(Kip)

붓다파크
Buddha Park

메콩강가에 아늑하게 느껴지는 붓다파크는 1958년 불교와 힌두교에 깊은 관심을 갖던 루앙 푸분르아 수리랏과 그의 추종자들에 의해 세워진 다양한 조형물을 볼 수 있는 공원이다.
붓다파크를 들어서면 둥근 모양의 조형물이 나오고 조형물을 들어가면 공원을 둘러볼 수 있다. 영혼의 도시라는 뜻의 '씨앙쿠안'이라고 부르는 공원이다.
길이 50m, 와불과 종교적인 약 200여개의 조각품이 전시되어 있다. 불교와 힌두브라만 사상에 심취한 루앙 분르아 쑤리랏이 건설했다.

입장시간_ 08:00~16:30
요금_ 5,000킵(Kip)
가는방법_
1. 탓 루앙에서 딸랏싸오 버스터미널로 가기 위해 뚝뚝이 이용
2. 버스터미널에서 14번 신형에어컨 버스를 이용

탓 루앙
That Luang

비엔티엔의 상징이다. 라오스가 비엔티엔으로 수도를 옮기면서 '위대한 탑'이라는 뜻으로 가장 신성시되고 있다.
1566년때 건설되어 450㎏의 금을 사용해 위용을 자랑하였지만 18세기부터 미얀마와의 전쟁으로 대부분 파괴되었다.
20세기부터 복원공사가 진행되어 1995년 라오스 인민 민주주의 공화국 탄생 20주년기념으로 금색을 입혀 반짝반짝 빛나는 탑이 되었다. 멀리서 보면 아름답지만 가까이 가서 본 느낌은 매력적이지는 않다.

위치_ 대통령궁에서 길을 건너 오른쪽
입장시간_ 08시~12시, 13시~16시
요금_ 5천킵(Kip)

국립박물관과 국립 문화회관
National Museum/National culture

국립박물관, 국립 문화회관, 대통령궁은 수도인 비엔티엔의 현대적인 건물로 관광객에게는 큰 관심이 없는 건물이지만 라오스에서는 중요한 건물들이다. 라오스에서 보는 일반적인 건물은 아니다. 프랑스의 식민지 시절에 만들어진 건물을 지금까지 사용하고 있다. 국립박물관은 예전에는 혁명박물관으로 불리다가 전시물이 많아지면서 지금은 국립박물관으로 불리고 있다.

박물관 1층에는 앙코르와트를 건설한 크메르왕국의 유물들과 도자기, 항아리 등을 전시한 고대 유물관이 있다. 2층에는 프랑스 식민지 시절과 베트남전쟁과 사회주의 정부의 수립에 관한 내용과 현대 라오스를 알려주는 내용으로 구성되어 있다. 국립문화회관은 건물이 크고 화려하여 눈에 띄는 건물이다. 2000년에 예술공연을 지원하지 위해 약 1,500석 규모로 만들었지만, 문화예술지원이 거의 없어 공연은 보기가 힘들다.

위치_ 타논 쌈쎈타이 거리 중간의 큰 건물
입장시간_ 08시~12시, 13시~16시
요금_ 1만낍(Kip)

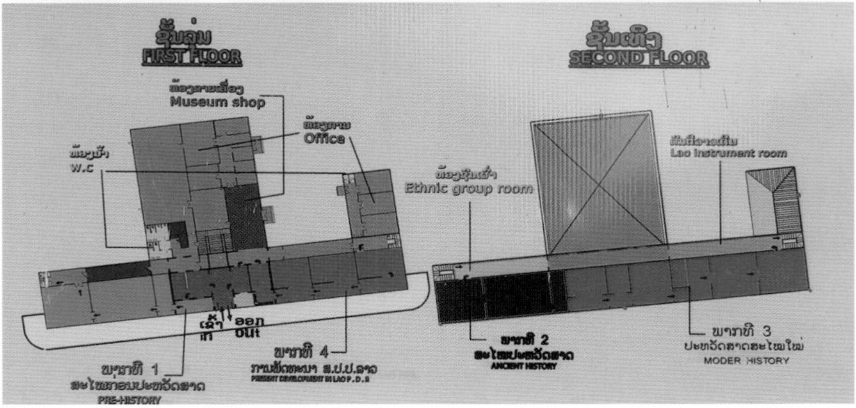

대통령궁(주석궁)
Reunification Palace

프랑스가 라오스를 식민지로 편입한 이후에 총독관저로 사용한 건물이었다. 루앙프라방이 라오스의 수도였던 시절이 길어 사용을 안 하고 있다. 왕이 비엔티엔을 방문할 때 거주했고, 지금은 대통령(주석)이 해외의 귀빈을 접견하는 장소로만 사용되고 있다.

비엔티엔 수영장
Vientiane Swimming

비엔티엔에서 가장 큰 수영장으로, 현지 공무원들이 즐겨 찾는다. 특히 경찰 수영팀들이 찾는 수영장이고, 길이가 25m밖에 되지 않는다. 수영장 물을 깨끗하게 보이기 위해 염소를 많이 사용한다고 한다. 물안경과 수영모를 미리 준비해야 이용 가능하다.

입장시간_ 오전8시~오후7시
요금_ 1만낍(Kip)

짜오 아누웡 공원
Chao Anouvong Park

짜오 아누웡 공원에는 화해의 손을 내밀고 있는 짜오 아누웡 왕 동상이 있고 뒤에는 메콩 강이 있어 해변공원으로 산책하기에 좋다. 비엔티엔에 볼 것이 없다고 하지만 짜오 아누웡 공원은 해뜰 때, 해질 때 산책하기 좋다. 아름다운 메콩강의 풍경과 선선한 강바람을 맞으며 걷다 보면 여행의 기분을 실컷 즐길 수 있는 곳이다.

짜오 아누웡 공원

EATING

조마 베이커리
Joma Bakery

유럽인들이 좋아하는 빵집으로 커피와 빵이 유명하다. 항상 사람들이 넘쳐나는 카페로 케이크와 샐러드를 많이 주문한다. 라오스에서 꽤 큰 베이커리를 운영하고 있다. 루앙프라방에도 있고 광고도 많이 한다.

위치_ 남푸분수대에서 강변도로쪽 도로
요금_ 5천~5만낍(Kip)

스칸디나비안 베이커리
Scandinavian Bakery

1994년부터 운영하는 빵집으로 바게뜨와 크로와상이 특히 유명하다. 브런치를 즐기는 유럽인들이 많고 쇼파가 푹신하여 오랜 시간을 여유롭게 앉아 즐길수 있어 여행객들이 좋아한다. 가격은 비싸지만 유럽인들의 입맛에 맞는 빵을 공급하고 있다.

위치_ 남푸분수대 옆
요금_ 1만~5만낍(Kip)

르 트리오 커피
Le Trio Coffee

유럽인들이 좋아하는 블랙 커피를 마실 수 있는 커피 전문점이다. 달달한 라오스식의 커피보다 진한 블랙 커피를 마시고 싶은 여행자들이 많이 찾는다.

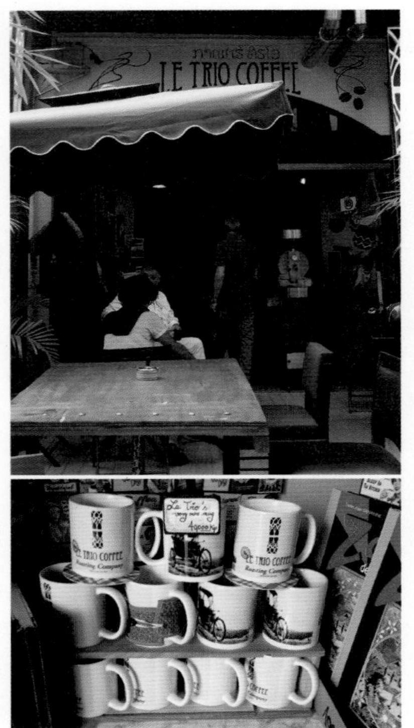

커피부터 원두커피와 컵 등 관련제품을 팔고 있어 유럽의 커피를 마시는 느낌이 난다. 비엔티엔에서 가장 맛있는 커피로 정평이 나있다.

위치_ 조마 베이커리 옆
요금_1만 5천~5만낍(Kip)

베노니 카페
Benoni Cafe

대표적인 프렌치 카페로 브런치를 먹는 유럽인들이 많다. 직접 만든 크로와상이 유명하고 파니니 샌드위치와 타르트 등은 브런치로 즐기는 유럽인들을 볼 수 있다. 아침에 특히 많은 여행자들이 찾는다.

위치_ 조마 베이커리 옆
요금_ 5천~5만낍(Kip)

사요 그릴 하우스
Xayoh Grill House

이탈리안 레스토랑으로 스테이크가 유명하다. 이탈리아식의 스테이크보다는 미국식의 큼직한 스테이크를 그릴에 구워주어 배불리 먹을 수 있는 레스토랑이다. 쾌 큰 내부 인

테리어가 라오스 분위기와는 많이 달라 놀라기도 한다.

위치_ 국립 문화회관 옆
요금_ 1만 5천~5만낍(Kip)

프릭코 샌드위치
pricco sandwish

유럽식 샌드위치로 한 끼 식사가 가능하도록 만든 샌드위치 세트를 파는 곳이다. 브런치처럼 먹는 유럽 여행자들이 많다.

직접 만든 수제 샌드위치를 신선한 채소와 함께 먹을 수 있어 인기를 끌고 있다.

위치_ 르 크로와상 거리 르 바네통 옆
요금_ 1만 5천~5만낍(Kip)

르 바네통
Le Banneton

프랑스풍의 베이커리를 커피와 함께 아침식사나 브런치로 즐기기에 좋다. 르 크로와상 거리에서 가장 유명한 카페이다. 직접 만들어 파는 바게뜨와 크로와상은 프랑스의 맛을 느끼기에 적합하다. 프랑스 여행자들이 들러 먹고 가는 필수 카페로 인식되고 있다.

위치_ 르 크로와상 거리
요금_ 1만 5천~5만낍(Kip)

콤마 커피
Comma coffee

간단하게 커피를 마실 수 있는 커피전문점으로, 가격이 저렴하여 여행자가 쉬어가기 좋은 커피전문점이다. 커피가 주이지만 과일주스도 색다른 맛이 있다. 한 끼 식사는 하기 힘들지만, 쉬어가기에는 안성 맞춤인 곳이다.

위치_ 르 크로와상 거리 르 바네통 옆
요금_1만 5천~5만낍(Kip)

한식맛집 대장금

동남아에서 인기를 끌고 있는 같은 이름의 '대장금' 음식점은 체인은 아니다. 비엔티엔 시내 중심부에 위치한 한인 음식점으로 많은 여행자들이 한국음식을 먹고 싶을때 많이 찾고 있다.

점심이후부터 사람들이 몰리기 시작하고 현지인들이 음식 주문을 받는다. 대단히 맛이 좋은 것은 아니지만, 외국에서 먹는 한국 음식치고는 맛이 좋다.

위치_ 타논 삼센타이 거리 입구
요금_1만 5천~5만낍(Kip)

한식맛집 밥집

대장금 옆에 위치한 또 다른 우리나라 음식점이다. 대장금과 밥집, 메뉴에 큰 차이없이 한끼식사를 할 수 있도록 비빔밥과 제육덮밥 같은 음식을 판매하고 있다.

위치_ 대장금 옆
요금_1만~5만낍(Kip)

컵짜이더
Khop Chai Due

세련된 유럽풍 건물에다 라오스의 트로피컬한 분위기를 얹은 음식점. 라오스, 태국, 베트남 요리부터 시작해 인도식 난과 일본식 스시와 롤, 이에 더해 피자, 파스타, 스테이크 같은 서양식과 수프와 죽까지 있어 없는 것 빼고 다 있는 인터내셔널 레스토랑이다.

동남아 음식 메뉴는 향이 강하다는 평이 있으므로 익숙하고 좋아하는 메뉴를 시키는 게 좋을 것. 음료 메뉴로 커피, 쥬스, 쉐이크 등과 다양한 주류를 판매한다. 저녁 6시부터 8시까지는 해피아워로 다른 때보다 저렴하게 다양한 칵테일을 맛볼 수 있다.

위치_ 남푸 분수대에서 메콩강변 대로 기준 오른편
영업시간_ 08:00~24:00
요금_ 음료류 8,000K~18,000K
에피타이저, 샐러드류 20,000K~40,000K
선 / 식사류 40,000K~
전화_ 021-263-829

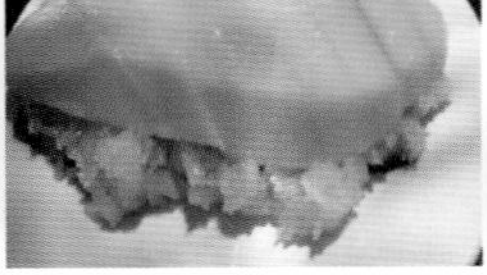

라오 키친
Lao Kitchen

옐로우 톤의 개방적인 가게 인테리어가 눈에 띄는 음식점. 현지인이 운영하는 라오스 요리 전문점으로, 다른 현지 음식점에 비해 깔끔하고 깨끗한 분위기 덕에 현지인보다 외국인 여행자들이 많이 찾는다. 메뉴는 한국인 입맛에 익숙한 볶음밥, 스프링롤, 쌀국수 등이 있으며 사이즈와 매운맛까지 조절할 수 있어 큰 고민 없이 쉽게 식사할 수 있는 음식점. 스프링롤은 튀기지 않은 것(fresh)과 튀긴 것(fried)이 있으니 메뉴판을 잘 보고 주문하자.

위치_ 국립문화회관 왼편 Rue Heng boun 거리를 따라 도보 2분 이내
영업시간_ 11:00~20:00
요금_ 볶음밥 20,000~28,000K
(크기에 따라 15,000K~20,000K 추가)
스프링롤 16,000K~32,000K
(갯수에 따라 13,000K~22,000K 추가)
전화_ 021-254-332

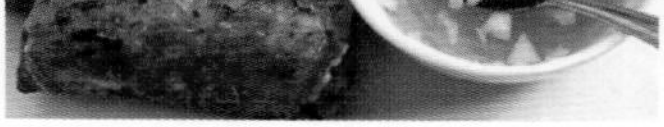

한 페 산헤르 (도가니 국수)
Han Pe Sanher

쌀국수 위에 도가니(소 무릎 뒤쪽) 수육을 올려주는 곳으로, 한국인 여행자들에게 일명 "도가니 국수"로 불리는 쌀국수 집. 다른 현지 음식점과 달리 파와 양파 정도만 썰어 넣어 한국에서 먹는 쌀국수 맛과 비슷하다. 동남아 특유의 맛을 꺼리는 여행자들에게 매우 인기 있는 곳이다.
라임과 채소를 따로 담아주므로 조금씩 맛본 후 취향에 맞게 넣자. 테이블에 있는 고추 양념장을 넣어 얼큰하게 먹는 여행자도 많다. 테이블에 있는 생수를 마시면 돈을 받으니 알아둘 것.

위치_ 라오 키친에서 국립문화회관 반대편 방향으로 도보 2분 이내
영업시간_ 07:00~14:00, 17:30~20:00
요금_ 쌀국수 스몰 18,000K / 라지 22,000K
전화_ 021-214-313

위앙싸완
Vieng Savanh

1985년부터 영업한 베트남 음식점으로, 본래 현지인들로 북적이던 곳이었으나 한국인 여행자들에게 '넴느엉 맛집'으로 소문났다.

넴느엉은(라오스에서는 냄느앙이라고 부른다), 돼지고기를 갈아 원통 모양으로 빚어 구운 것으로 떡갈비 같은 식감이다. 넴느엉 세트를 시키면 각종 채소와 소면, 라이스페이퍼가 함께 나온다. 취향에 따라 넓은 잎채소나 라이스페이퍼에 넴느엉, 소면, 각종 채소, 땅콩 소스를 싸먹으면 된다. 넴느엉 이외에도 짜조(튀긴 스프링롤), 비분Bee boon(비빔 쌀국수)도 호평.

위치_ 도가니 국수에서 국립문화회관 반대편 방향으로 도보 2분 이내
영업시간_ 09:00~21:00
요금_ 넴느엉 세트 1인분 20,000K
짜조 20,000K / 비분 20,000K
전화_ 021-213-990

퍼 썹 탓담점
phozapthatdam

1958년에 개업한 베트남 쌀국수 음식점으로, 비엔티안에만 3개 지점이 있을 정도로 유명한 곳. 시내와 탓담에서 가까워 찾아가기 쉬운 탓담점이 인기 있다.
점심시간에는 사람이 몰리므로 피해 가는 것도 좋을 것. 쌀국수는 양이 넉넉한 편으로 라지를 시키면 배부르게 먹을 수 있다. 쌀국수 주문 시 나오는 양배추와 야채 스틱은 땅콩소스에 찍어 먹고, 다른 야채들은 취향에 따라 쌀국수에 넣어먹으면 된다.

홈페이지_ www.phozap.la
위치_ 남쏭다리 건너 사거리에서 우측으로 도보 1분 이내
영업시간_ 07:00~15:00
요금_ 스몰 20,000K / 라지 25,000K / 점보 30,000K
전화_ 020-2356-9289

SLEEPING

비엔티엔에서는 대부분 하루 정도만 숙박을 한다. 비엔티엔에 저녁 이후에 도착할 때는 미리 비엔티엔 숙소를 예약해 놓고 오는 것이 좋다. 혹시 비엔티엔 숙소를 예약하지 않고 왔다고 걱정할 필요는 없다. 대단히 많은 숙소들이 있어서 호텔이나 게스트하우스는 찾을 수 있다. 비엔티엔은 숙박요금이 방비엥이나 루앙프라방에 비해 비싸지만 루앙프라방이나 방비엥처럼 강을 볼 수 있는 리버뷰River View는 없다. 비엔티엔 중심가를 따라 숙소가 있기 때문에 중심가인지를 확인하고 숙박을 하도록 하자.

살라나 호텔
Salana Hotel

2010년에 오픈한 부티크 호텔로 나무색의 화려한 외관이 시선을 사로잡는다. 시내에 있어서 대부분 걸어서 다닐 수 있고 밤 늦게도 쉽게 찾을 수 있는 좋은 호텔이다. 세련된 인테리어로 여성들에게 높은 점수를 받고 있다.

위치_ 비엔티엔 시내 중심부
전화_ 021-254-252~4
요금_ 더블125~135$ / 디럭스 145$
(에어컨, 화장실과 욕실,TV와 냉장고가 있다)

라오 플라자 호텔
Lao Plaza Hotel

비엔티엔 최초의 국제적 5성급 호텔로 비니지스 고객이 주로 이용한다. 시내 중심부에 위치해 모든 면에서 편리하고 수영장과 헬스장 등 다양한 시설을 이용할 수 있다. 142개의 객실을 가지고 있는 쾌 큰 호텔이다.

위치_ 타논 빵캄 사거리
전화_ 021-218-800
요금_ 슈피리어 200$
(에어컨, 화장실과 욕실,TV와 냉장고가 있다)

안사라 호텔
Ansara Hotel

부티크 호텔이지만 시설이 매우 좋지는 않다. 하얀색과 아치형 발코니가 조화를 이루고 있다. 객실이 많지는 않아 아늑한 분위기를 느낄 수 있고 주로 유럽인들에게 인기가 많다.

위치_ 왓 짠을 바라보는 도로 건너편의 안쪽 100m
전화_ 021-21-514
요금_ 더블 135$ / 스위트 230$
(에어컨, 화장실과 욕실,TV와 냉장고가 있다)

말리 남푸 호텔
Mali Namphu Hotel

비엔티엔의 중심가에 위치해서, 유럽배낭여행자에게 매우 인기 있는 호텔이다. 깨끗한 객실과 에어컨이 있고 정원이 있어 밝은 분위기의 게스트하우스가 호텔로 변경되면서 가격이 인상되었다. 게스트하우스 정도의 시설이라 호텔이라고 부르기에는 민망하다.

위치_ 남푸 분수에서 타논 빵캄 사거리쪽
전화_ 021-263-297
요금_ 더블 30~40$
(에어컨, 화장실과 욕실,TV와 냉장고가 있다)

비엔티엔 남푸 이비스 호텔
ibis Hotel

이비스 호텔이라고 가격이 저렴한 호텔로 생각하면 안 된다.
비엔티엔의 중심가에 강을 바라볼 수 있는 위치에 있어 인기가 최근에 급상승하고 있다. 비즈니스 고객이나 신혼여행객들이 주로 사용하고 있다. 시설에 비해 가격은 많이 저렴하지만 경관은 매우 좋다.

위치_ 남푸 분수에서 강변도로로 나오면 왼쪽에 위치
전화_ 021-263-397
요금_ 더블 60~100$
(에어컨, 화장실과 욕실,TV와 냉장고가 있다)

호텔 라오
Hotel Lao

시내 중심가에서 인기가 높은 중급호텔로 객실은 깨끗하지만 시설은 좋지 않다.
비엔티엔의 중심가에 유럽배낭 여행자에게 인기 있는 호텔이다. 깨끗한 객

실과 에어컨 등 기본적인 시설은 있지만 가격에 비해서는 좋지 않다.

위치_ 짜오 아누 방향
전화_ 021-264-136
요금_ 더블 40~60$
(에어컨, 화장실과 욕실,TV와 냉장고가 있다)

아누 파라다이스호
Mali Namphu Hotel

비엔티엔의 중심가에 중급시설이지만 객실이 많은 호텔이다. 깨끗한 객실과 에어컨이 있고 중심가에 있어 배낭여행자들이 안전하게 즐길 수 있는 호텔이다. 시설은 깨끗하고 아늑하다.

위치_ 타논 빵캄 사거리
전화_ 021-264-397
요금_ 더블 40~50$
(에어컨, 화장실과 욕실,TV와 냉장고가 있다)

어 빌라 파쏙 호텔
A Villa Phasouk Hotel

22개의 객실을 가지고 있는 작은 호텔이

다. 4층의 건물로 옛 건물이라 엘리베이터가 없는 게스트하우스정도의 시설을 가지고 있다. 게스트하우스보다는 깨끗하지만 호텔이라고 하기에는 시설이 낡았다.

위치_ Jazzy Brick 골목이동
전화_ 021-24-415
요금_ 더블 60$ /스위트 75$
(에어컨, 화장실과 욕실,TV와 냉장고가 있다)

도방 데바네 호텔
Dovang Devane Hotel

비엔티엔의 중심가에 유럽배낭여행자에게 매우 인기 있는 호텔로 깨끗한 객실과 에어컨이 있는 제법 큰 호텔이다. 하얀 건물이 깔끔한 분위기를 연출하고 객실도 깔끔하다. 객실의 서비스가 좋아 여행에 관한 정보를 얻기 편하다.

위치_ 비엔티엔 중심가쪽
전화_ 021-251-606
요금_ 더블 65~85$
(에어컨, 화장실과 욕실,TV와 냉장고가 있다)

비엔티안 카페 Best 5

조마 베이커리 카페 남푸점(Joma Bakery caf Nam Phou)

일명 비엔티안의 스타벅스. 루앙프라방과 베트남, 캄보디아에도 체인점이 있는 카페로 비엔티안에만 3개 지점이 있으며, 여행자 거리 중심에 있는 남푸점이 1호점이다. 깔끔한 인테리어와 편안한 의자, 그리고 라오스산 원두로 로스팅 한 깊은 커피 맛으로 오래전부터 여행자들의 발길을 끈 카페. 시원한 에어컨 바람과 와이파이가 제공되는 곳으로 음료와 함께 쿠키나 샌드위치, 케이크 같은 디저트를 즐기며 쉬어가면 좋을 것이다.

홈페이지_ https://www.joma.biz/
위치_ 남푸 분수대에서 메콩강변 대로 맞은편, 컵짜이더 맞은편
영업시간_ 07:00~21:00 사이
요금_ 커피류 15,000~25,000K / 케이크류 10,000~30,000K **전화_** 021-215-265

르 트리오 카페(Le Trio Coffee)

비엔티안 최초의 로스터리 카페로 커피 맛을 아는 사람은 무조건 재방문한다는 커피 전문점. 독일제 로스팅 기계에서 라오스산 생두를 직접 로스팅 하여 신선한 커피를 맛볼 수 있다. 매장 앞에 야외 테이블도 몇 개 있지만 밖에서 고생할 필요 없다. 바로 옆에 있는 Coco & Co 카페와 르 트리오의 주인이 같기 때문에 르 트리오에서 커피 주문 후 코코앤코 카페로 들어가자. 시원한 에어컨과 빵빵한 와이파이를 즐기며 라오스 커피 맛을 즐길 수 있다. 추천 메뉴는 콜드브루와 플랫 화이트이다.

홈페이지_ http://letriocoffee.com/
위치_ 조마베이커리 옆 **영업시간_** 08:00~17:00 **요금_** 커피류 10,000K~35,000K **전화_** 030-5016-046

르 바네통(Le Banneton)

비엔티안에서 프랑스 감성을 충전할 수 있는 유명한 프렌치 카페. 베이커리를 겸한 곳으로 크루아상과 바게트가 제일 인기 있다. 아침에는 조식과 브런치, 오후에는 카페 음료와 다양한 빵, 저녁에는 디너 메뉴까지 운영하여 하루 종일 손님 마를 시간이 없는 곳. 늦은 시간에 가면 빵이 매진되므로 이른 시간에 방문해 여러 가지 빵을 구경해도 좋다.

위치_ 르 트리오 커피에서 남푸 분수대 반대 방향으로 두블럭 직진 후 좌회전하여 도보 2분
영업시간_ 월~토요일 07:00~18:30 / 일요일 07:00~13:00
요금_ 커피 및 음료류 10,000K~21,000K / 베이커리류 8,000K~20,000K
전화_ 021-217-321

노이스 후르츠 헤븐(Noy's Fruit Heaven)

비엔티안의 유명한 생과일주스 전문점. 매일 새롭게 들여와 가게 앞에 진열해놓는 형형 색색의 열대 과일들은 보기만 해도 눈과 입이 즐거워진다. 한 손 가득 담기는 대용량 컵에 담아주는 음료는 식후에 마시기 버거울 정도일 것. 샐러드나 샌드위치, 햄버거 같은 식사 메뉴도 함께할 수 있으며 내부 테이블도 꽤 있으니 식사 장소로도 좋다.

위치_ 라오키친 맞은편 인근 **영업시간_** 07:00~21:00 **요금_** 쉐이크류 15,000K / 스무디류 20,000K
전화_ 030-526-2369

카페 씨눅 야시장점(Caf Sinouk Night Market)

라오스의 유명한 커피 체인점으로 볼라벤 고원에서 생산된 원두를 사용하는 카페. 비엔티안 시내에 여러 지점이 있으나, 시내 부근 메콩 강변에 위치한 야시장점의 내부 인테리어가 분위기 있는 데다 규모도 커 인기 있다. 로스팅 한 원두뿐만 아니라 일회용 드립 커피, 캡슐 커피도 판매하므로 라오스 커피 맛을 간직하고 싶은 여행자는 망설이지 말고 구매할 것. 카페 음료 외에도 샌드위치 · 햄버거 등의 식사 메뉴와 케이크 · 빵 같은 디저트도 판매한다.

위치_ 르 바네통에서 메콩강변 방면으로 직진 후 우회전하여 도보 3분 이내 **영업시간_** 07:30~23:00
요금_ 커피류 10,000K~30,000K / 프라페류 25,000K~35,000K **전화_** 030-200-0564

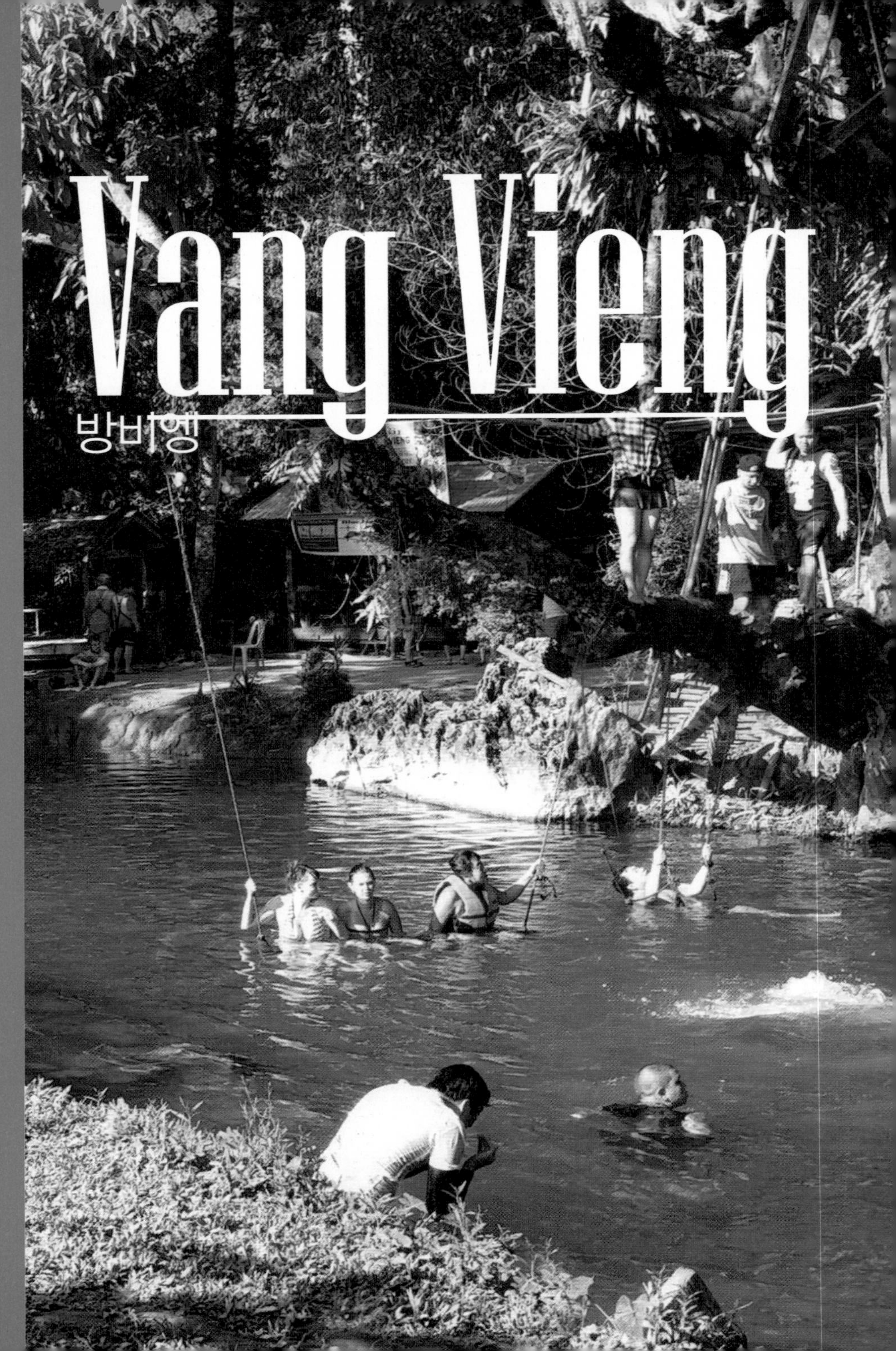
Vang Vieng
방비엥

방비엥에서 꼭 해야 할 Best 6

쏭 강의 다리를 건너 일몰풍경 바라보기

아름다운 블루라군에서 다이빙하기

쏭 강을 따라 카약킹과 튜빙해보기

방비엥 시내를 천천히 자전거로 둘러보며
슬로우 라이프 즐기기

바게뜨 샌드위치와 팬케익 맛보기

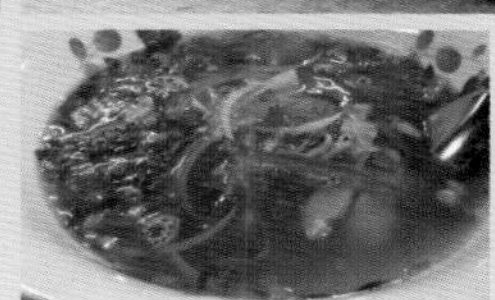

주민들이 먹는 쌀국수 먹어보기

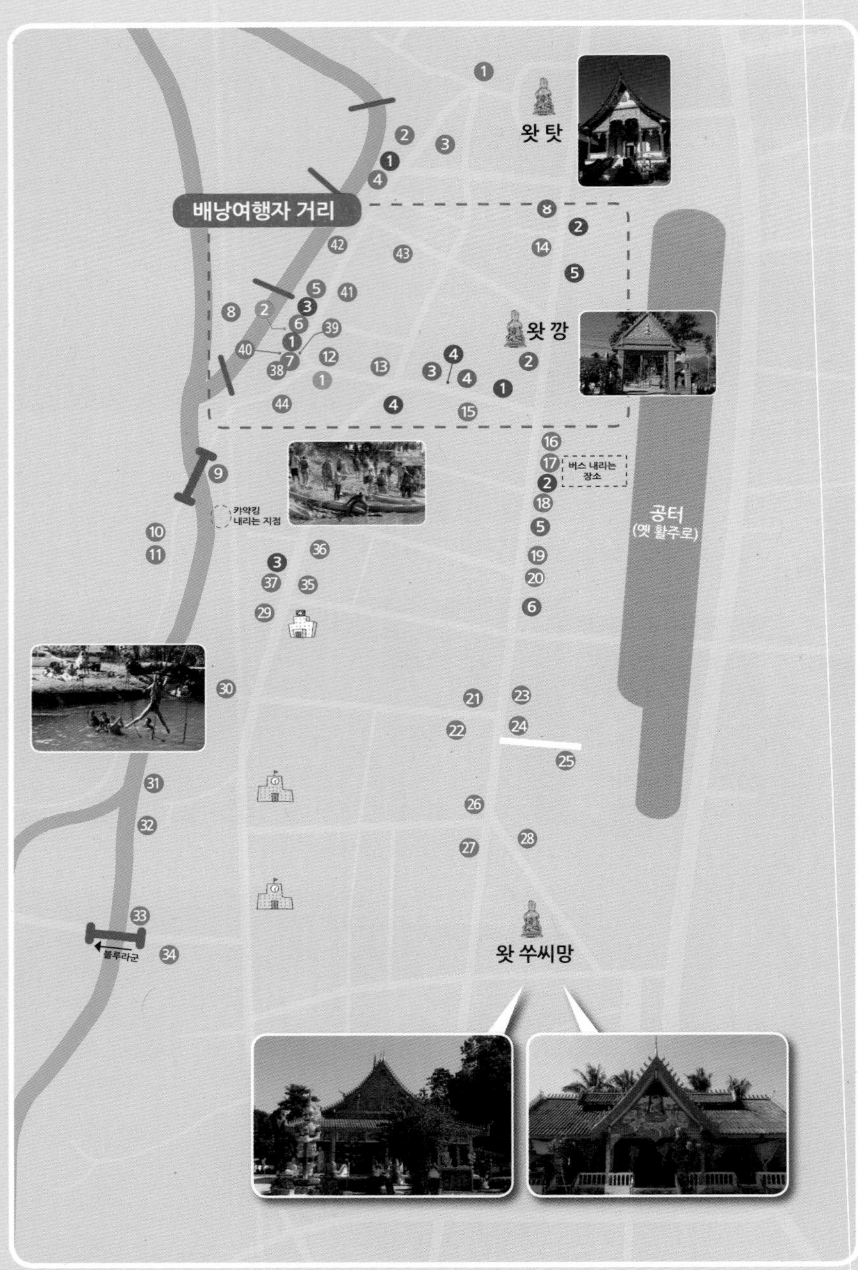

왓 탓
배낭여행자 거리
왓 깡
버스 내리는 장소
카약킹 내리는 지점
공터
(옛 활주로)
블루라군
왓 쑤씨망

호 텔

1. 스파이시 라오(도미토리)
2. 마운틴 리버뷰 게이스트하우스
3. 짬빠 라오 더 빌라
4. 남쏭 가든 게스트하우스
5. 방비엥 오키드 게스트하우스
6. 그랜드 뷰 게스트하우스
7. 싸이쏭 게스트하우스
8. 리버 듀 방갈로
9. 푸반 게스트하우스
10. 바나나 방갈로
11. 아더사이드 방갈로
12. 루앙나콘 바이벵 팰리스
13. 위앙월라이 게스트하우스
14. 칠라오 유스호스텔
15. 독쿤1 게스트하우스
16. 씨싸왕 게스트하우스
17. 방비에 센트럴 백패커스 게스트하우스
18. 말라니 빌라
19. 말라니 호텔
20. 인티라 호텔
21. 캄폰 게스트하우스
22. 캄폰 호텔
23. 판 플레이스
24. 비비 게스트하우스
25. 독쿤2 게스트하우스
26. 라오스 헤븐 호텔
27. 씨완 방비엥 호텔
28. 품짜이 게스트하우스
29. 반 싸바이 바이 인티라
30. 엔리펀트 크로싱 호텔
31. 타원쑥 리조트
32. 빌라 남쏭
33. 리버사이드 부티크 리조트
34. 빌라 방비엥 리버사이드
35. 리버센셋
36. 암폰
37. 실비나가호텔
38. 플라뷰
39. 그랜드 뷰
40. 리버뷰
41. 메미레이
42. 쏙쏨본
43. 독푸
44. 포반

여 행 사

1. 그린 디스커버리
2. 폰 트래블
3. V.L.T 내추럴 투어
4. 원더플 투어
5. TCK 투어

한인업소

1. 블루 게스트하우스
2. 미스터 치킨 하우스(한식당)
3. 도몬 게스트하우스
4. 한국노래방
5. 바이크 온 더 클라우드

레스토랑

1. 바나나 레스토랑
2. 나짐 레스토랑
3. 아레나 레스토랑
4. 루앙프라방 베이커리
5. 말라니 호텔 옆 쌀국수 노점
6. 아리아 누들(란 퍼 쨉 아라아)
7. 캥거루 선셋 바
8. DK3 레스토랑

마트

1. m-마트
2. K-마트

VANG VIENG

방비엥Vang Vineg은 수도인 비엔티엔Vientiane에서 약 135㎞ 떨어져 있는데, 버스로 약 4시간 정도 소요된다. 루앙프라방에서는 약 273㎞로 6~7시간 정도 떨어져 있다. 방비엥은 버스로만 이동이 가능하다. 비엔티엔이든, 루앙프라방이든 버스가 매일 운행되고 있다. 가장 많이 이용하는 버스는 VIP버스로 장거리를 달리는 2층짜리 코치버스를 말한다.
일반버스와 미니벤도 운행을 하고 있지만 사용빈도는 높지 않다. 일반버스는 우리나라의 일반 고속버스라고 생각하면 되고 미니벤은 우리나라의 봉고차인 9~11인승을 말한다. 실제로 라오스에서는 현대자동차의 스타렉스가 많이 이용되고 있다.

라오스 버스 이용

비엔티엔에서 방비엥으로 가는 버스티켓은 호텔이나 게스트하우스, 투어회사에서 판매하고 있어서 대부분의 관광객들은 버스터미널로 가서 버스탑승권을 구입할 필요가 없다.
숙박업소부터 투어회사들이 고객의 도시이동예약을 받으면 버스터미널에 전화를 하여 신청을 대행해주고 수수료를 받는 구조로 버스티켓을 구입하는 것이다.
그리고 루앙프라방에서는 버스터미널까지 대개 2만낍(Kip)을 내고 뚝뚝을 타고 이동하기 때문에, 추가 비용도 생각해 주어야 한다.

비엔티엔 → 방비엥

아래 표에서 보듯이 비엔티엔에서 방비엥까지는 오전 9시 30분과 오후 1시 30분, 2번 운행을 하고 있다. 버스비용은 4~6만낍(Kip)이다.

루앙프라방 → 방비엥

아래 표에서 보듯이 루앙프라방에서 방비엥까지는 오전 8시, 9시 30분과 오후 7시나 7시 30분, 슬리핑버스가 오후 8시에 운행을 하고 있다. 버스 비용은 11~12만낍(Kip)이고 슬리핑버스는 15~16만낍(Kip)이다.

VIP BUS
9:00, 9:30,19:00 & 19:30pm

To Vang Vieng	6시간
To Vientiane	9시간
To Houay	13시간
To LuangNamtha	9시간
To Bangkok(Form Vientiane)	13시간

Sleeping VIP BUS
20:00pm

To Vang Vieng	6시간
To Vientiane	9시간
Form Vientiane **10:00, 13:00 & 21:30pm**	
To Kang lor Cave	12시간
To Thakhek	6시간
ㅁTo Pakse	11시간
To 4,000 Island	13시간

비엔티엔에서 방비엥까지 이동하는 경로는 평탄한 도로가 대부분이라서 힘들거나 시간이 오래 지연되지는 않는다. 중간에 한번 휴게소를 들르는데 휴게소라고 할 수 있는 정도는 아니고 화장실과 국수 정도를 팔고 있다.

한인투어회사에서 신청을 하면 한국인이 운영하는 '쉼터'라는 휴게소를 들른다. 버스를 타고 이동하는 창밖의 풍경들을 보면서 라오스의 생활상을 조금이라도 엿볼 수 있으니 버스에서 잠을 자는 것보다는 창밖 풍경도 감상해 보길 바란다.

방비엥은 라오스발음으로 '왕위앙'이지만 외국인들은 어느 누구도 왕위앙이라고 발음하는 관광객은 없다. 그러므로 '방비엥Vang Vieng'으로 알아두면 된다.

방비엥 이해하기

방비엥에는 남북으로 흐르는 쏭 강 오른쪽으로 2개의 중심도로가 자리잡고 있다. 방비엥 버스 터미널에서 내리면 25인승 정도의 버스나 뚝뚝이가 방비엥 시내의 말라니 호텔앞에 내려준다. 남북으로 나있는 이 도로가 중심도로인 Pared road(Thanon Luang Prabang)이다. 이 도로에 많은 여행사, 투어회사, 음식점, 오토바이나 자전거를 빌려주는 가게들이 즐비하다. 위로는 왓 탓 사원이 아래로는 왓 씨쑤망 사원까지가 시내의 구분지점으로 생각하면 된다.

쏭 강 바로 옆에 있는 도로는 요즈음 강을 조망하도록 호텔이나 게스트하우스가 새로 들어서는 '배낭여행자의 거리'이다. m마트부터 원더풀 투어까지의 거리가 배낭여행자들이 가장 많이 돌아다니는 거리이다. 말라니 호텔 왼쪽으로 3개의 쌀국수가게는 현지인이 아침마다 쌀국수를 먹는 현지인들의 맛집이다.

한인이 운영하는 미스터 치킨하우스, 알리바바 투어, 바이크 온 더 클라우드, 한국노래방 등이 있다. 30분이면 시내를 다 둘러볼 수 있을 정도의 작은 마을이라 언제든지 쉽게 돌아보면 될 것이다. 밤 늦게까지 영업을 하는 음식점과 술집이 많다.

머니트랜드(Money Trend)

방비엥에서 신용카드는 사용이 불가능한 경우가 많다. 되도록 ATM에서 현금을 인출해 사용하거나, 환전소에서 달러를 환전하여 이용하면 된다. ATM이나 환전소는 시내 곳곳에 많이 있어 사용하는데 문제는 없다.

방비엥은 라오스에서 가장 즐길거리가 많아 여행비용을 많이 사용하기 때문에 사전에 미리 현금을 준비해 두자. 숙박은 호텔은 25~50달러($)정도, 게스트하우스는 4만~12만낍(Kip)정도의 가격으로 이용하고 있다.

평균적으로 블루라군과 카약, 튜빙투어, 짚라인 15~20만낍(Kip), 마사지 4~5만낍(Kip), 하루에 삼시세끼를 먹고, 다양한 과일주스, 라오스식 커피 등을 사용하는데 5~9만낍(Kip)정도를 사용하고 있다.

방비엥의 투어회사와 마사지

방비엥에는 현재 14개정도의 투어회사들이 운영되고 있다. 앞으로 계속 투어회사들은 늘어날 것으로 예상된다. 바이크나 버기카를 빌려주는 곳까지 합치면 20곳이 넘는다. 사진을 보면서 투어회사들을 살펴보길 바란다. 투어를 선택 할때는 투어회사뿐만 아니라 회사에서 근무하고 있는 직원에 의해서도 가격이 달라지기 때문에, 몇 곳의 투어회사를 돌아다니면서 반드시 가격 협상을 하고 블루라군이나 카약킹, 짚라인투어를 신청하면 된다.

방비엥에서 저녁에 패키지여행자들이나 배낭여행자까지 여행의 피로를 푸는 마사지를 많이 받는다. 마사지가게들도 매우 많아서, 가격을 보고 마사지를 잘하는 샵으로 가야 한다. 일부 마사지가게들은 마사지인지 개인이 주무르는 수준인지 착각이 되는 경우도 있다.

블루라군
Blue Lagoon

라오스, 방비엥에서 '꽃보다 청춘' 방송이후에 가장 많이 가는 곳이 되었다. 방비엥 시내에서 약7km 떨어진 탐푸캄Tham PHU Kham지역으로 동굴보다는 에메랄드 빛의 석호가 더 유명하다. 에메랄드 빛의 석호색때문에 '블루라군'이라는 별칭을 얻게 되었는데 이곳을 찾은 모든 이들은 천국처럼 즐기고 있다.

처음에는 자전거를 타고 유유히 경치를 즐기면서 가려고 하였으나 자전거의 바퀴가 얼마못가 펑크나는 바람에 걸어서 트레킹으로 가게 되었다. 트레킹이 왕복 14㎞로 힘들기는 하지만 그것보다는 길을 지나가는 오토바이, 차량들의 먼지 때문에 힘들었다.

블루라군은 특히 건기에는 먼지나지 않는 차량이 이동에는 최고인 것 같다. 그래도 가면서 주변에 있는 아름다운 경치는

원없이 볼 수 있다. 블루라군 투어는 블루라군 차체로는 하루에 두 번 이동을 하는 투어들이 각 투어회사들마다 있다. 물이 차가운 오전보다는 오후가 블루라군을 즐기기에 좋다.

방비엥의 블루라군을 가는 방법은?

1. 자전거를 타고 가는 방법

2. 오토바이를 타고 가는 방법

3. 버기카를 타고 가는 방법

4. 자동차를 타고 가는 방법

투어회사_ 폰트레블, 그린 디스커버리, 바이크 온더 클라우드
위치_ 방비엥 중심거리
요금_ 5만낍(kip)

반나절 블루라군 투어 순서

▶09:00 혹은 14:30 출발

투어차량으로 이동

▼

블루라군으로 이동

▼

타잔줄타기 점프

▼

자유수영 & 일광욕

▼

탐뿌캄동굴 자유체험(후레쉬 지참)

▼

블루라군 자유시간/ 2시간 후 재집합

▼

투어 종료

블루라군 투어 주의사항

1. 시간이나 방문지 및 순서는 현지 상황에 따라 변동 가능
2. 투어차량, 다이이용료, 안전조끼, 방수백 무료 렌탈 포함(단, 블루라군 입장료 1인 10,000킵, 동굴입장료 10,000비 불포함)
3. 귀중품 본인관리(엑티비티 투어이므로 분실 및 파손 변상 안됨)

블루라군 가는 길

방비엥 거리를 다니다보면 다양한 회사들이 있다. 폰트레블, 그린 디스커버리, 등의 회사들이 영어가 아닌 한글로 씌여있는 책자들로 설명을 하고 있어서 편리하게 투어를 선택할 수 있다.
블루라군 투어는 짚인라인과 같이 1일투어로 선택할 수도 있다. 투어를 선택하고 시간에 맞추어 회사 앞으로 가면 뚝뚝이나 차량이 대기하고 있다. 투어인원이 다 오면 출발한다.
블루라군은 처음에 2개의 다리를 지나간다. 이때 다리 통행료를 내야 한다. 통행료는 걸으면 4,000낍, 자전거는 6,000낍, 차량이나 뚝뚝이는 8,000낍이다. 다리를 지나갈 때 보이는 아름다운 경치를 즐기면서 이동하자.
다리를 건너 조금만 걸으면 오른쪽으로 가라는 표지판이 나온다. 표지판을 따라 오른쪽으로 다시 100m정도를 걸으면 정면에는 리조트와 게스트하우스(INKEN)가

나오고 왼쪽으로 돌아가면 지금부터는 계속 직진을 하면 된다.
지금부터 약 7㎞를 가야한다. 가는 길이 힘들어도 천천히 가면서 보는 풍경은 힘든 만큼의 보상을 해준다. 길을 가는 도중에 현지인들의 생활을 알 수 있는 집들과 가게들, 아이들과 소들을 볼 수 있다. 나무로 길 표시를 해둔 비포장도로를 지나면 오르막길과 내리막길이 나온다. 오르막길을 가다보면 동굴CAVE이라는 표지판이 보이지만 우리는 직진한다.
내리막길을 지나면 노란색 표지판으로 잘 안보이는 라군이라는 글자가 보이는데 이때 조심해야 한다. 절대 직진이지 오른쪽으로 이동하면 안된다. 우리가 가는 곳은 블루라군BLUE LAGOON이지 라군 Lagoon이 아니다. 이곳을 혼동할 수 있는 것이 블루라군을 들어가기전에 1만낍의 입장료를 낸다고 하는데 이곳도 사진에 보이는 아이가 같은 입장료를 받는다. 하지만 조금 더 들어가면 왼쪽의 짝퉁 블루라군을 보게 될 것이다.
만약, 잘못 들어가지 않고 좌측으로 계속 직진하여 조금만 더 가다보면 노란색의 2㎞, 1㎞가 남았다는 표지판을 보게 된다. 이 표지판이 보인다면 다왔다고 생각하고 1만낍(Kip)을 준비해 입장료를 내면 블루라군에 들어갈 수 있다. 힘들어도 블루라군을 보고 놀다보면 힘든 수고는 보상을 받을 수 있다.
입구에서 오른쪽 정면으로 많은 차들이 주차되어 있는 곳을 보게 될 것이다. 걸어가면 에매랄드 빛을 보게 될 때, 블루라군에 들어서게 된다. 블루라군 다리를 지나면 오른쪽에는 놀이터와 휴식처가 있다. 왼쪽에는 유일한 블루라군 매점과 앞에

는 테이블과 의자들이 있는데 대부분 더워서 음료수를 마시고 블루라군에서 놀다가 배가 고프면 먹거리를 사먹게 된다. 물놀이가 무섭다면 매점에서 구명조끼를 빌려서 즐기면 된다.(유료)
아름다운 자연에서 놀 수 있는 블루라군은 인공의 놀이터가 아닌 자연의 놀이터에서 즐기는 맛을 선사한다. 가격은 좀 비싸지만 라오스의 물가가 싸서 부담스럽지 않다.
요즈음은 우리나라 관광객이 매우 많이 늘어나서 우리나라에 온 착각을 일으킨다는 이야기를 듣지만 우리나라에서는 볼 수 없는 자연 그대로의 놀이터이니 그네를 타고, 수영도 하고 다이빙을 직접하면서 실컷 즐기다 돌아오면 하루가 정말 재미있게 지나갈 것이다.
블루라군 1일투어에는 짚라인을 타는 투어도 같이 포함되어 있는데 짚라인은 블루라군의 나무들을 이어서 블루라군을 위에서 본다는 장점이 있다. 패키지상품을 선택하는 경우는 많이 짚라인을 하기도 하지만 우리나라에서도 할 수 있기 때문에 선택을 안하는 경우도 많다.
건기때는 보통 5시 정도에 해가 지기 시작하기 때문에 5시 정도에는 블루라군에서 나와 방비엥 시내로 돌아오는 것이 좋다. 돌아오는 길은 피곤하지만 재미있는 추억을 담아간다면 그보다 더 좋은 일은 없을 것이다.

탐 짱 동굴
Tham Chang

블루라군을 가다가 왼쪽에 조그맣게 표시되어 있는 동굴로 지나치는 경우도 많다. 방비엥에서 가장 가깝고 유명하여 조명으로 동굴 안을 밝혀놓아 편안하게 동굴을 구경할 수 있다.
이 동굴의 핵심은 동굴보다는 동굴의 전망대에서 보는 방비엥 전경이다.
아름다운 방비엥이 뻥뚫려있는 장면은 가슴을 시원하게 만들어준다. 동굴입구에 있는 다리에 보면 푸른 물색이 아름다워 수영을 즐기기도 한다. 블루라군에서 즐기다가 탐 짱 동굴을 가려면 피곤해서 안가는 경우가 생기므로 들리려면 블루라군을 가기 전에 탐 짱 동굴을 보고 블루라군으로 이동하자.

요금_ 15,000낍(Kip)

몬도가네 아침시장
Tham Chang

방비엥 시내에서 북쪽으로 30분 정도를 걸어가면 찾을 수 있다. 몬도가네 아침시장은 쏭 강을 보면서 아침시장을 구경할 수 있어 관광객들이 찾기 시작한 시장이다. 아직은 루앙프라방의 아침시장처럼 관광객이 많지는 않지만 찾는 관광객은 계속 늘어나고 있다. 각종 과일과 채소들, 산 닭들을 사고 파는 장면도 볼 수 있다.

탐 남 동굴 튜빙과 탐 쌍 동굴 체험
Tham Nam Cave Tubing & Tham Xang cave experience

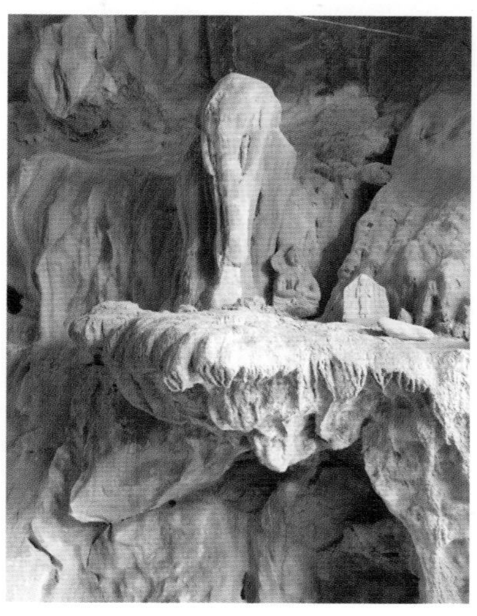

라오스, 방비엥에서 카약킹Kayaking과 같이 1일투어로 같이 진행되고 있다. 튜빙이라는 뜻은 튜브타기인데, 투어의 튜빙은 탐남동굴로 가서 종류석 동굴 안으로 튜브를 타고 들어갔다가 나오는 것을 '튜빙'이라고 부른다. 튜빙 후에는 코끼리 모양의 종류석을 보러가는 탐 쌍Tham Xang 동굴 체험을 한다.

튜빙을 하려면 방비엥 시내에서 30~40분 정도를 북쪽으로 올라가는데, 약 8㎞ 떨어진 곳에 위치해 있다.

방비엥의 탐남 동굴 안은 더운 여름이어도 차가운 물이 있어 튜빙을 즐기고 나오면 춥기 때문에 몸을 덥을 수 있는 수건을 가지고 가는 것이 좋다. 남섬 동굴 튜

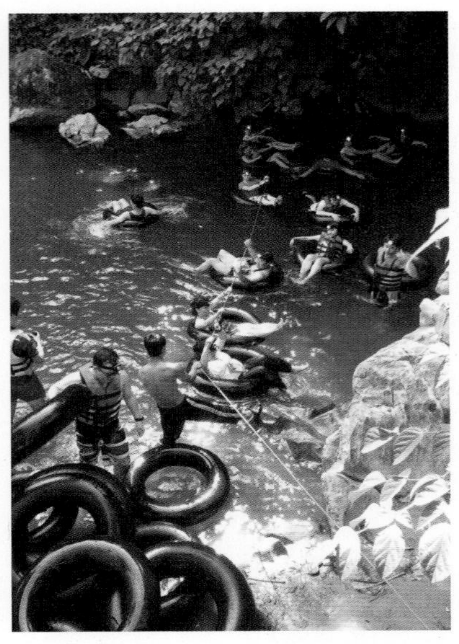

빙을 하기 전에 헤드랜턴을 머리에 쓰고 들어간다.

방비엥에서 외국인들이 사고가 나는 경우의 튜빙은 쏭 강을 따라 튜브를 타고 내려오면서 술을 마시는 것 때문에 매년 사고가 나는 것이다. 하지만 투어상품에는 이런 튜빙은 포함되어 있지 않아서 사고가 날 가능성은 적은 편이다. 짚라인 투

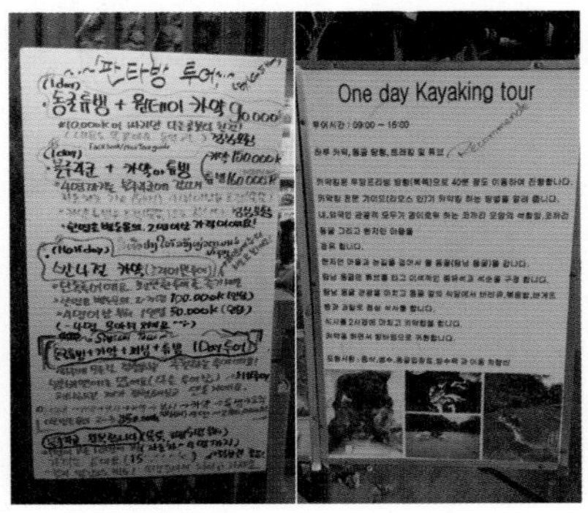

어도 같이 포함된 상품도 있는데 짚라인은 블루라군과 탐 남 동굴에서 다 할 수 있다.

1일카약킹 투어 순서

숙소 픽업/투어회사 집합(09:20)

▼

투어차량으로 북쪽으로 이동(09:30)

▼

캄쌍마을 트래킹(10:10)

▼

물동물 캄남(10:40)

▼

강변 피크닉투어/석식(12:00)

▼

천연종유석 코끼리동물 탐상(13:30)

▼

카약투어 시작(14:30)

▼

남쏭강 강변도착 후 투어 종료(16:30)

투어 주의사항

1. 시간이나 방문지 및 순서는 현지 상황에 따라 변동 가능
2. 투어차량, 전문가이드, 일정상 방문지 입장료, 투어 중식, 카약투어 포함
3. 생수, 방수백, 구명조끼 무료제공
4. 귀중품 본인관리(분실 및 파손 변상 안 됨)

탐남 동굴 튜빙 Tham Nam Cave Tubing **순서**

1. 튜빙 투어는 카약킹과 같이 1일투어로 포함된 상품을 선택하는 것이 일반적이다. 투어는 오전 9시에서 오후4시까지 진행된다. 9시 전까지 투어회사 앞으로 가면 뚝뚝이가 대기하고 있다.
투어신청자를 확인하고 다 오면 출발한다. 시간에 맞추어 출발하는 경우는 많지 않고 지연 출발하는 경우가 대부분이다.

2. 30~40분 정도 지나서 도착하면 가이드가 하루의 일정을 설명하고 탐남 동굴로 먼저 이동한다. 생수와 방수팩, 구명조끼를 지급하고 남섬 동굴로 출발한다. 남섬 동굴로 가는 풍경도 아름다워서 이동할 때 지루하지는 않다.

3. 동굴 입구에 도착하면 다른 투어회사들과 도착한 순서대로 남섬 동굴 안으로 튜빙을 하기 위해 대기를 한다. 방비엥의 투어회사들만 다른 뿐 동굴안에서 튜빙을 즐기는 장소는 동일하다.

4. 순서가 되면 헤드랜턴을 받아 머리에 쓰고, 구명조끼를 입고 튜브 안으로 엉덩이를 넣고 얼굴로 하늘을 볼 수 있으면 줄을 타고 동굴 안으로 들어간다. 바깥은 덥지만 동굴 안은 차가운 물로 처음에는 깜짝 놀라게 된다.

▲튜빙하러 내려가는 곳

동굴 안은 동굴의 천장이 낮은 곳이 더러 있어 조심하면서 들어간다. 계속 튜빙만 하는 것이 아니라 수위가 낮은 곳에서는 조금 걸었다가 수위가 깊어지면 다시 튜빙을 한다.

5. 약 20분 정도 동굴의 종류석과 석회동굴을 보고, 오고가는 튜빙을 하는 사람들과 물놀이를 즐기다 보면 다시 처음의 입구로 나오게 된다.

6. 튜빙이 끝나면 사전에 준비된 점심을 먹고 쉬었다가 탐 쌍Tham Xang을 보러간

다. 탐 쌍 동굴에서 탐Tham은 동굴이라는 뜻이며, 쌍Xang이라는 뜻은 라오스어로 '코끼리'를 뜻하는 말이다.

코끼리 모양의 종유석 때문에 탐 쌍 동굴이라고 부른다. 탐 쌍Tham Xang동굴체험이 끝나고 나서 쏭 강 카약킹을 하러 간다. 약 오후 2시 정도에 다시 쏭 강으로 돌아가 간단한 설명 후에 카약킹을 시작한다.

카약킹
Kayaking

라오스, 방비엥에서 튜빙과 같이 1일투어로 같이 진행되고 있다. 오전에 탐 남 동굴에서 튜빙을 하고 나서 점심을 먹고 2시정도부터 카약킹이 시작된다. 방비엥 시내에서 북쪽으로 약 8㎞ 떨어진 쏭 강에서 시작해 방비엥 시내입구의 쏭 강까지 도착해 끝이 난다. 개인적으로는 가장 재미있고 슬로우 여행을 즐길 수 있다고 생각한다.

카약을 즐기려면 먼저 사전에 준비할 것들이 있다.

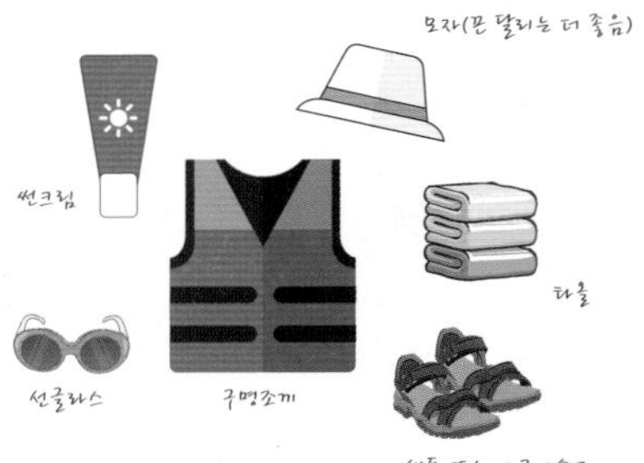

방수팩　　생수

투어회사에서 제공되는 물품(구명조끼와 방수팩)

오전에 받은 방수팩 안에 중요한 물품들은 다 넣어두어야 카약을 타다가 물에 빠질 경우, 물건들이 손상을 입지 않는다. 특히 카메라는 물에 빠뜨려도 문제가 생기지 않도록 사전에 준비를 해둔다. 아니라면 카메라는 방수팩에 넣어두는 것이 좋다.

쏭 강 카약킹은?

쏭 강에 도착하면 카약을 강에 준비시키고 가이드는 노를 젓는 방법과 주의사항을 설명해 준다. 영어를 못 알아듣는다고 딴 짓을 하지말고 경청하다보면 알아들을 수 있다. 노는 자신의 몸통정도의 간격으로 오목한 면이 앞으로 가도록 손으로 잡는다. 이때 너무 꽉 잡을 필요가 없다. 살짝 쥐어준다는 생각으로 강물 안으로 넣어서 좌우로 젓다보면 금방 방법을 알게 된다. 보통 2명씩 짝을 지어 카약을 타는데, 혼자왔다면 가이드와 같이 타게될 가능성이 높다.

카약은 처음에 노를 힘껏 저어 속도를 내면 어렵지않게 카약을 탈 수 있다. 방향을

방수팩 사용법

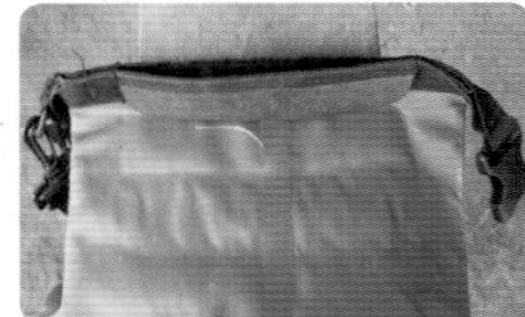
1. 딱딱한 플라스틱 부분을 앞으로 놓는다.

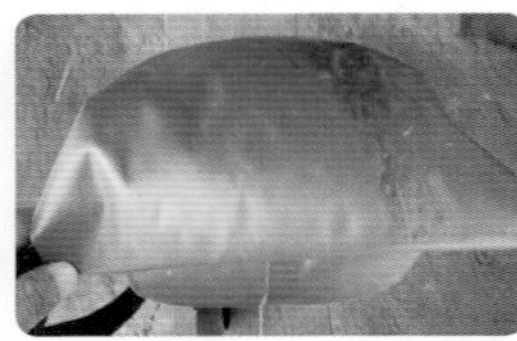
2. 공기가 들어간 상태에서 딱딱한 플라스틱 부분을 3회정도 접어 공기가 빵빵하게 들어가도록 한다.

3. 양 옆의 접합부분을 접는다.

많이 바꾸려면 노를 깊게 반대방향으로 저으면 방향을 바뀌게 되니 원하는 방향으로 카약머리가 바뀔 때까지 저어주면 된다.
중간중간에 물살이 빠른 곳을 몇 번 지나가고, 쏭 강 좌우로 펼쳐지는 풍경들을 보고 있노라면 여행의 쉼표같은 느낌을 받게 된다. 이럴 때 대부분 노를 카약에 놔두고, 하늘을 보고 경치를 즐기면 신선노름이 따로 없다는 생각이 든다.
1시간이 더 지나면 중간에 휴게소에서 카약을 잠시 두고 쉰다. 화장실도 가고 음료수도 마시면서 강에서 튜빙을 즐기는 장면을 보며 쉬었다가 다시 출발한다. 상류에서는 튜빙이 없지만 물살이 빠르지않은 하류에서는 튜빙을 즐기는 서양인들을 많이 보게 된다. 이 튜빙이 매년 사고가 난다는 튜빙이다. 술을 마시며 즐기다 물에 빠져 사고가 나게되니 혹시 튜빙을 즐기더라도 조심해야 한다.
쏭 강에서는 물고기를 잡는 현지인들도 보고 빙벽타기를 즐기는 관광객들, 튜빙을 즐기는 서양인들까지 다양한 장면을 보게 된다. 어느새 집들이 많이 보이고 다리가 나타나면 방비엥 입구까지 도착한 것이다.
빌라 남송 리조트 근처에 카약을 놔두고 투어를 하던 사람들이 다 모이면 인사를 하고 돌아가게 된다.

왓깡
Wat Kang

방비엥의 사원들은 역사적으로 인정받을 만한 사원은 아니다. 하지만 불교가 매우 중요한 종교인 라오스는 어딜가나 사원을 볼 수 있다. 아침에 사원을 가보면 스님들이 살고 있는 현재 라오스를 볼 수 있다.

위치_ 루앙프라방 거리 북쪽으로 가는 중간지점.

왓 탓
Wat That

방비엥 시내에서 북쪽으로 올라가면 가장 위쪽에 있는 사원으로 방비엥에서 두 번째로 큰 사원이다.

왓 씨쑤망
Wat Sisumang

방비엥에서 가장 큰 사원으로 잘 꾸며진 사원이다. 방비엥 남쪽에 위치하여 블루라군을 가는 다리를 건너기 전에 볼 수 있다.

위치_ 방비엥 거리 가장 남쪽에 위치

EATING

방비엥에서만 특징적으로 먹는 음식은 바게뜨 샌드위치가 있다. 루앙프라방이나 비엔티엔도 있지만 조금 만드는 방법이 다르다. 게스트하우스 앞에는 주로 바게뜨 샌드위치를 만드는 노점상들이 많이 있어서 배낭여행객들의 가벼운 주머니를 도와주고 있다.
방비엥의 메인 거리인 루앙프라방 거리에는 노점상보다는 현지인들의 쌀국수집과 북쪽으로 한국식의 삽겹살과 바비큐 고기집들이 늘어서 있다. 가운데 부분에 각종 바와 한국식 노래방들이 위치해 있다. 가격을 보고 음식점과 술집을 결정하고 강을 볼 수 있는 뷰(View)가 좋은 곳도 많이 있어 여행객들을 즐겁게 해주고 있다.

카이 쌀국수
Kai rice noodles

말리니 호텔 양쪽으로 현지인들의 아침을 책임지는 쌀국수와 쌀죽 들을 먹는 가게들에 사람들로 가득찬다.
"까삐악 센"이 특히 얼큰한 국물에 가는 면발과 두꺼운 면발을 선택해서 먹을 수 있어 맛있다. 저녁에도 열고 있는 경우가 있으니 주인에게 문의를 해보면 된다.

왼쪽 첫 번째집은 까삐악 센의 국수가 맛이 좋고 가운데 집은 죽이 특히 맛이 좋다.

위치_ 말라니호텔에서 왼쪽으로 3개,
오른쪽으로 1개의 쌀국수 가게들
요금_ 1만 5천~2만낍(Kip)

차런 레스토랑
Chaleune Restaurant

서양인들에게 인기가 있는 레스토랑으로 현지인들의 음식과 서양인들의 입맛을 알맞게 결합시킨 음식을 내준다.
15,000~30,000낍(Kip)사이의 가격으로 식사를 해결할 수 있다. 적당히 안주로도 시킬 수 있는 음식들이 많다. 주인장이 너그러워 짐도 맡아주어 오랜 시간을 있어도 특별히 문제가 안된다.

위치_ 번화가인 유러피언 스트리트의 시작점에 있다.
요금_ 1만 5천~3만낍(Kip)

루앙프라방 베이커리
Luang Prabang Bakery

꽤 오래전부터 영업을 하고 있는 빵집으로 서양 여행자들에게는 매우 잘 알려져 있다. 빵과 커피를 여유롭게 먹을 수 있어 방비엥을 분위기 있는 장소로 생각하도록 해준다. 바게뜨 샌드위치, 쌀국수, 피자, 스파게티 등이 인기가 많다.

위치_ BCEL은행 앞
요금_ 3~10만낍(Kip)

사쿠라 바
Sakura Bar

방비엥에서 누구나 알고 있는 사쿠라 바는 대나무 장식이 인상적이다. 또한 밝은 음악으로 방비엥의 밤을 재미있도록 해주는 장소이다. 스포츠 중계로 서양 배낭 여행자들에게 인기가 많다.

요금_ 10~15만낍(Kip)

미스터 치킨 하우스
Mr. Chicken House

방비엥에서 한국인 부부가 운영하고 있는 식당으로 같은 언어를 자유롭게 쓰고 이야기를 나눌 수 있다는 이유 하나만으로 즐겁다. 한국음식을 먹을 수 있지만 엄청 맛이 좋지는 않다. 한국음식을 먹고 싶고 친절한 아주머니의 이야기를 듣고 싶다면 추천한다.

위치_ 왓깡 사원 앞쪽에 위치한 한국인이 운영
요금_ 2~13만낍(Kip)

어더 사이드 레스토랑
Under side restaurant

'꽃보다 청춘' 방송이후에 한국 관광객들이 꼭 들르는 레스토랑이다. 한끼 식사부터 라오비어를 함께 먹을 수 있는 레스토랑으로 밤 늦게까지 술잔을 기울이며 여행의 분위기를 낼 수 있는 좋은 장소이다.

위치_ 루앙프라방 거리에서 북쪽으로 왓깡 사원 전에 있음
요금_ 2~12만낍(Kip)

피핑쏨스
Peeping Som's

라오스 스타일의 바비큐인 신닷(sin dat: sin은 고기, dat은 굽다 라는 뜻) 요리 전문점으로 우리나라의 불고기와 비슷하다. '꽃보다 청춘' 라오스 편에 방송된 음식점으로 한국인 여행자에게 인기 많은 음식점이다.

둥글게 솟은 불판에 고기를 올려 구워 먹고, 파여 있는 불판 주변에 육수를 부어 채소나 당면, 고기 등을 샤브샤브처럼 데쳐먹는다. 돼지 · 소 · 닭고기 외에 오징어, 새우 등의 해산물에 볶음밥까지 있는데다, 한국인 입맛에 맞는 소스와 육수 만드는 방법이 한국어로 안내돼있어 더 맛있게 즐길 수 있는 곳이다.

위치_ 주막 게스트하우스 맞은편, Tna Hotel 인근
영업시간_ 때에 따라 다르나 대체로 11~23시
요금_ 고기류 39,000K
전화_ 020-5577-3459

찬디오스 레스토랑
Chantheo's restaurant

방비엥에 갔다면 한 번쯤 먹어보라는 음식 중의 하나인 뽈살구이(돼지 볼살) 원조집. 고기는 주문과 동시에 숯불로 직접 구워 제공한다. 돼지 볼살은 야채, 과일, 소면을 기본으로 제공하며, 바싹 익혀 나오는 특성으로 다소 딱딱한 식감에 실망하는 여행자들도 있다.
배를 채우기보다 안주 정도로 적합하다. 돼지 볼살 외에 돼지의 다른 특수 부위나 닭 · 오리고기도 있으므로, 식사를 원한다면 다른 고기와 밥을 함께 먹는 것이 좋을 것이다.

위치_ 피핑솜 옆
(구글맵에는 뽈살맛집(이름없음)으로 나옴)
영업시간_ 17:00~21:00 구이류 주문은 14시부터 가능
요금_ 돼지 볼살 20,000K
고기류 20,000K~30,000K
밥(Sticky Rice) 5,000K
전화_ 020-5532-2463

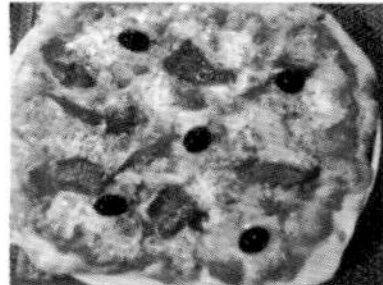

피자 루카
Pizza Luka

방비엥의 유명한 피자 전문점으로 프랑스인이 운영한다. 피자 가격은 5만 낍부터 시작해 방비엥의 다른 음식점보다 비싼 감이 있지만, 주문 즉시 반죽하여 화덕에서 구워내는 피자 맛은 돈이 아깝지 않을 것. 인기가 많은 식당으로 재료 소진 시 문을 닫기 때문에 오픈 시간에 맞춰 가는 것을 추천한다.
화덕이 하나밖에 없어 음식이 꽤 걸리므로, 주문 시 샐러드도 하나쯤 시켜 입가심을 해도 좋다. 인기 메뉴는 고다치즈와 꿀이 들어간 화이트 피자이다.

위치_ 남송다리 건너 사거리에서 우측으로
도보 1분 이내
영업시간_ 18:00~23:00 / 화요일 휴무
요금_ 피자 50,000K~70,000K
전화_ 020-9819-0831

오가닉 팜 레스토랑
Organic farm

'organic farm'이라는 농장에서 운영하는 레스토랑. 시내에서 4㎞ 떨어져 있는 것이 큰 단점이지만 직접 재배한 유기농 식재료로 만든 맛있는 음식, 탁 트인 하늘과 높은 산이 펼쳐진 남송강 전망은 그 거리를 잊게 만든다.

꼭 먹어봐야 할 메뉴는 오디 열매로 만든 멀베리 주스와 유기농 염소 치즈. 식사류로 샌드위치나 커리, 케밥 등도 있어 한 곳에서 식사와 디저트를 모두 해결할 수 있다. 북적북적하고 시끄러운 시내에 비해 유유자적하고 조용한 라오스의 분위기를 한껏 즐길 수 있는 곳. 방비엥 속의 진짜 방비엥을 느끼며 식사할 수 있는 곳으로 추천한다.

홈페이지_ www.laofarm.org
위치_ 방비엥 시내에서 북쪽으로 4km
영업시간_ 08:00~21:00
요금_ 멀베리 주스 15,000K
식사류 20,000~40,000K
전화_ 023-511-220

방비엥 카페 Best 5

루앙프라방 베이커리(Luang Prabang Bakery)

루앙프라방에 본점이 있는 베이커리 겸 카페. 한눈에 봐도 널찍한 매장과 쿠키 · 빵 · 케이크 등이 먹음직스럽게 진열된 쇼케이스가 시선을 끈다. 하지만 케이크나 쿠키는 수요에 따라 보관 기간이 길어져 맛에 대한 평이 천차만별인 점을 유의해야 한다. 방비엥에서 커피와 빵을 가볍게 즐기고 싶을 때 찾으면 좋다.
베이커리 · 카페 메뉴 이외에도 라오스 음식이나 샌드위치, 피자, 스파게티 같은 식사 메뉴도 판매한다. 다른 가게들과 달리 깔끔하고 세련된 분위기에 냉방 시설과 무선 인터넷을 구비하여 여행자들의 숨통을 트여주는 곳이다.

위치_ K마트 방비엥 한인마트점에서 남쏭강 방면으로 도보 2분 이내 **영업시간_** 07:00~22:00
요금_ 베이커리류 15,000K~ / 커피류 10,000K~ / 샌드위치류 27,000~59,000K **전화_** 023-511-145

푸반 카페(Phubarn Cafe)

남쏭강 바로 옆에 위치한 카페로 유유히 흐르는 남쏭강, 파노라마로 펼쳐진 절벽산, 넓고 푸른 하늘이 함께 어우러져 전망이 남다른 곳. 강 바로 옆 야외 테이블 주변에는 나무가 함께 서있지만 햇볕을 가리기엔 턱없다.
해가 넘어갈 때쯤 방문해 석양과 야경을 함께 즐기자. 메뉴로는 커피, 과일 주스, 쉐이크, 에이드 같은 음료부터 빵이나 샐러드, 볶음밥 같은 식사 메뉴도 있어 끼니와 디저트를 한자리에서 해결 가능하다. 방비엥 시내에서 여유를 느끼며 음식을 즐길 수 있는 곳으로 추천한다.

위치_ K마트에서 남쏭강 방면 길목으로 도보 3분 **영업시간_** 08:30~20:30
요금_ 과일주스류 10,000K~ **전화_** 020-5561-2060

할리스 커피(Hallys Coffee)

한국 브랜드인 할리스 커피HOLLYS COFFEE가 라오스에 진출한 것은 아님을 먼저 밝혀둔다. 한국인이 운영하는 카페로 커피와 쉐이크, 스무디 등의 음료와 함께 빵, 케이크 같은 디저트도 판매한다. 냉방 시설과 와이파이가 구비돼있어 한국인 여행자들이 많이 찾으며, 특히 방비엥 투어 상품의 설명을 듣고 예약할 수 있는 곳으로 더 유명하다. 한국처럼 대용량 테이크 아웃 컵에 담아주는 음료는 맛도 나쁘지 않다.

위치_ K마트에서 남쏭강 반대 방면으로 도보 1분, 루앙프라방 베이커리에서 남쏭강 방면으로 도보 2분 이내
영업시간_ 07:00~22:00 **요금_** 과커피류 16,000K~20,000K, 쉐이크 · 스무디류 22,000K~25,000K

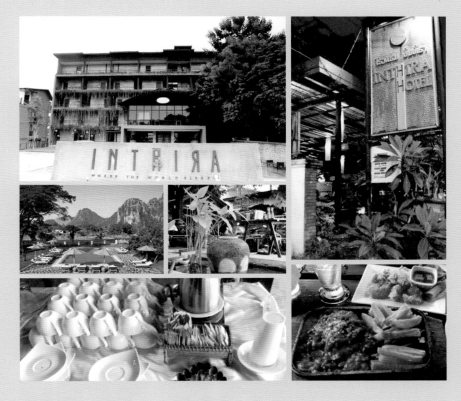

더 키친(the kitchen)

인티라 호텔 내에 위치한 레스토랑 & 바. 방비엥의 다른 음식점들에 비해 세련된 도시 분위기에다, 여행자들이 잘 찾지 않는 곳으로 조용하고 한적하다. 카페 음료로 커피, 티, 쥬스, 스무디를 판매하며, 칵테일이나 와인에 이어 위스키, 코냑 등도 있다.
식사 메뉴로는 라오스 현지식이나 샐러드, 그리고 피자 · 파스타 · 햄버거 등의 서양식도 많다. 북적북적하고 지저분한 시내 분위기에 질렸을 때 한 번쯤 들려 음료나 식사를 즐기기에 적합한 곳이다.

홈페이지_ https://www.inthirahotels.com/vangvieng/
위치_ 할리스 커피에서 남쏭 다리 방면으로 도보 5분, 방비엥 병원 맞은편, 인티라호텔 내
영업시간_ 07:00~22:00
요금_ 커피, 티, 쥬스, 스무디류 18,000K~20,000K / 칵테일류 25,000K~35,000K **전화_** 023-511-088

카페 에에(Cafe Eheh)

제대로 된 에스프레소 샷이 들어간 커피를 마시고 싶다면 꼭 들러야 할 카페. 한국인이 운영하는 카페로, 아기자기하고 소박한 분위기에 깔끔한 인테리어와 현지 감성의 조합으로 인기 있는 곳이다. 내부 테이블이 4~5개로 규모는 작지만 시원한 에어컨과 잘 터지는 와이파이가 구비돼있다.

메뉴로는 커피와 티, 스무디 등의 음료와 케이크, 샌드위치도 있어 허기도 채울 수 있다. 특히 홈메이드 케이크(당근, 바나나)가 호평. 방비엥의 더위에 지쳤을 때 시원한 공간과 맛있는 커피 · 디저트를 선물 받는 느낌이 드는 카페가 될 것이다.

///

홈페이지_ https://www.facebook.com/cafeeheh

위치_ 더 키친에서 남쏭 다리 방면으로 도보 2분 이내 **영업시간_** 07:00~20:00 / 화요일 휴무

요금_ 커피, 티류 12,000K~20,000K / 샌드위치류 30,000K~35,000K / 케이크 15,000K~25,000K

전화_ 030-5074-369

SLEEPING

방비엥에는 현재 200개가 넘는 게스트하우스와 호텔이 있다. 대부분은 게스트하우스가 대부분이지만 강을 바라보는 장소에 좋은 호텔이 생겨나고 있다. 게스트하우스는 소형이 대부분이지만 중간규모의 게스트하우스도 있다. 2012년 이후에 게스트하우스가 새로 생겨나면서 게스트하우스와 보통의 호텔들은 시설의 차이가 많이 없어지고 있다.
방비엥의 메인 거리인 루앙프라방 거리에는 거의 호텔이 대부분이고 K마트를 중심으로 쏭강을 따라 게스트하우스가 많다. 게스트하우스는 먼저 직접 보고 깨끗한지를 확인해보고 숙박을 결정하는 것이 좋다.
루앙프라방 거리의 호텔들은 거의 시설이 비슷하니 가격을 보고 호텔을 결정해도 된다. 강을 볼 수 있는 뷰View가 좋은 곳이 같은 숙박업소라도 더 비싸다.

타워쑥 리조트
Towersok Resort

등나무로 된 바닥과 방갈로가 강이 바라보이는 곳에 지어진 시설이 좋은 리조트이다. 강의 전망이 특히 아름다워 서양인들이 좋아하는 곳이다. 레스토랑과 각종 휴식공간이 갖추어져 있다. 밤에 조용하여 강을 바라보며 슬로우 라이프를 실현할 수 있는 리조트이다.

위치_ 말라니호텔에서 왼쪽으로 약 20m
전화_ 023-511-124
요금_ 싱글 35$ / 더블35~49$
(에어컨, 화장실과 욕실,TV와 냉장고가 있다)

도몬 게스트하우스
Domon Guesthouse

2010년에 콘크리트로 된 게스트하우스로 시설이 좋아 인기가 높다. 타일이 깔려 있고 창문이 강을 바라보게 되어 전망이 좋다. 발코니에서 테이블에 앉아 해지는 풍경이 일품이다. 주변에는 많은 배낭여행객들이 있어 항상 북적인다.

위치_ K마트 오른쪽으로 두 번째 게스트하우스
전화_ 023-511-210
요금_ 더블(선풍기) 10~12만깁
더블(에어컨) 11~15만깁

방비엥 오키스 게스트하우스
Vang Vieng orchis Guesthouse

남 쏭강을 따라 있는 인기가 높은 게스트하우스이다. 타일이 깔려 있고 창문이 강을 바라보게 되어 전망이 좋다. 선풍기 방은 전망이 안 좋은 위치이고, 에어컨 방에 발코니가 딸려 있다. 발코니에서 보는 해지는 풍경이 일품이다.

위치_ K마트 오른쪽으로 네 번째 게스트하우스
전화_ 023-51-172
요금_ 더블(선풍기) 8~10만낍
더블(에어컨) 11~15만낍

그랜드 뷰 게스트하우스
Grand View Guesthouse

시멘트로 만든 3층짜리 건물로 발코니는 목조로 되어 있어 멋이 있다. 나무만으로 되어 있는 곳이 많아 게스트하우스지만 호텔만큼 시설이 좋다. 욕실은 작지만 뛰어난 강 전망과 위치적으로 배낭여행객들이 몰리는 지점이기 때문에 항상 인기가 많다. 주변에는 술집과 많은 배낭여행

객들이 있어 항상 북적이기 때문에 조용하지 않을 수도 있다.

위치_ K마트 바로 옆에 있는 게스트하우스
전화_ 023-511-210
요금_ 더블 10~12만낍
더블(에어컨) 11~15만낍

인티라 호텔
Inthira Hotel

현대적인 시설로 2층의 건물로 중심가에 있어 아름다운 풍경은 볼 수 없다. 스탠더드는 1층에 위치하고 디럭스 룸은 2층에 위치하는데 1층은 햇빛이 잘 들지 않아 어두워보인다. 밤에 인근의 소음이 심해

불편하다. 아침식사는 계란과 바게뜨 커피, 과일이 제공된다.

홈페이지_ www.inthira.com
위치_ 말라니호텔에서 왼쪽으로 약 20m
전화_ 023-511-070
요금_ 싱글 25$ / 더블32~39$ / 더블디럭스 39~45$
(에어컨, 화장실과 욕실, TV와 냉장고가 있다)

말라니 호텔
Malany Hotel

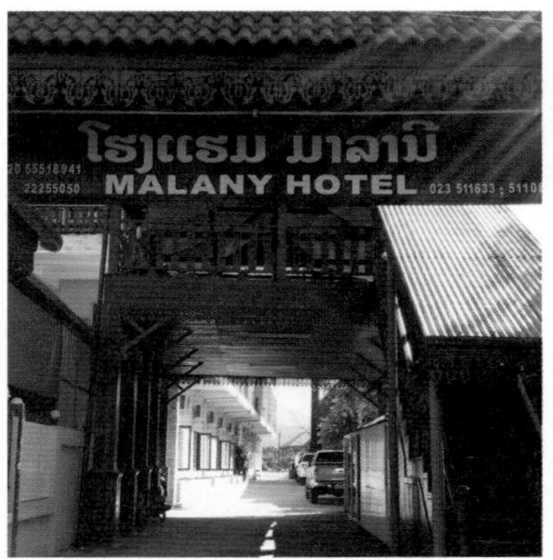

고풍적인 2층 건물로 역시 중심가에 있어 아름다운 풍경은 볼 수 없다. 스탠더드는 1층, 디럭스 룸은 2층에 위치하는데 건물 앞 뜰이 넓어 방비엥에서는 고급스러운 호텔에 속한다. 아침식사는 베이컨, 계란과 바게뜨 커피, 과일이 제공된다.

홈페이지_ www.malanyhotel.com
위치_ 도로 중심부에 있음
전화_ 023-511-633
요금_ 더블 35~40$ / 더블 디럭스 40~55$
(에어컨, 화장실과 욕실,TV와 냉장고가 있다)

리버사이드 부티크 리조트
Riverside Boutique Resort

방비엥에서 가장 최근에 현대식 리조트로 쏭 강을 바라보며 수영을 즐길 수 있고 아침을 근사하게 아름다운 풍경과 먹을 수도 있다. 현재 방비엥에서는 가장 좋은 시설을 가진 유일한 호텔이다. 특히 리조트에서만 있어도 좋은 곳이다.

홈페이지_ www.riversidevangvieng.com
위치_ 블루라군을 가는 다리의 통행료를 받는 다리 앞
전화_ 023-511-726
요금_ 클래식 더블 100~110$
디럭스 더블(리버뷰)110~129$

달라졌을까?

한 달 살기가 대한민국에 새로운 여행문화를 이식시키고 있다. 한 달 살기는 '장기 여행'의 다른 말일 수도 있다. 그 전에는 대부분 코스를 짜고 코스에 맞추어 10일 이내로 동남아시아든 유럽이든 가고 싶은 여행지로 떠났다. 유럽 배낭여행도 단기적인 여행방식에 맞추어 무지막지한 코스를 1달 내내 갔던 기억도 있지만 여유롭게 여행을 즐기는 문화는 별로 없었다.

한 달 살기의 장기간 여행이 대한민국에 없었던 이유는 경제발전을 거듭한 대한민국에서 오랜 시간 일을 하지 않고 여행을 가는 것은 상상하기 힘든 것이었다. 하지만 장기 불황에 실직이 일반화되고 멀쩡한 직장도 퇴사를 하면서 자신을 찾아가기 위한 시간을 자의든 타의든 가질 수 있게 되었다.

여행을 하면 "여유롭게 호화로운 호텔에서 잠을 자고 수영장에서 여유롭게 수영을 하면서 아무것도 하지 않는 것이 꿈이다"라고 생각하면서 여행을 하지만 1달 이상의 여행을 하면 아무것도 안 하고 1달을 지내는 것은 쉬운 일이 아니다. 한 달 살기를 하면 반드시 자신에 대해 생각을 하게 된다. 일상에서 벗어나게 되므로 새로운 위치에서 자신을 볼 수 있게 된다. 그러면서 나는 내면의 나에게 물어보았다.

"달라졌을까? 나는"

인생을 살면서 후회하는 행동이나 인생사의 커다란 일을 생각하면 그때 다른 행동을 했다면 선택을 했다면 "나의 인생은 좀 달라졌을까?" 문득 궁금했다. 스스로 나를, 외로운 나를 만들었지만 그런 생각은 없어지지 않았다.

혼자서 한 달 살기를 하면서 지금에 와서 후회를 하면 뭐 하겠니? 다시 그때로 돌아가면 달라졌을까? 한 번 다시, 주위 사람들에게 이해하고 다른 행동을 하고 살았다면, 예전에 그녀에게(그에게) 다시 바라봤다면 그립지는 않을까? 하게 된다.

사람들은 살면서 많은 후회를 하고, 그때로 돌아간다면 달라졌을까? 라는 생각을 하게 되지만 결국 바쁘게 삶에 지쳐가면서 살아가는 것을 후회한다. 또한 욕심에 인생이 나락으로 떨어진 많은 사람들도 물질적인 풍요를 따라가면 좋아질 것이라는 환상에 빠져 살았던 삶을 후회할 수밖에 없다.

그럼 이제와 후회한다고 다시 그때로 돌아간다고 바뀌는 것도 아닌데, 생각을 뭐하러하냐고 묻는다면 "그렇게 자신에게 묻는 질문들이 자신을 찾게 되는 첫걸음일 수도 있다."고 이야기 한다.

후회로 점철된 인생을 떠올린다고 달라지지는 않아도, 이번 생은 처음이라서 망했다! 라고 생각한 인생도 다시 생각해본다. 사람의 인생이 반드시 물질적으로 풍요해도 정신적으로 피폐하다면 그 인생도 결국 실패한 인생이다.

우리는 한 달 살기를 한다고 내 인생이 달라질 것이라는 생각을 하지 않는다. 하지만 자신을 돌아보는 시간이 없다면 언젠가는 다시 걸음을 멈추고 인생을 생각해야 하는 시간은 반드시 돌아온다. 한 달 살기로 너무 넉넉한 자신을 돌아볼 수 있는 시간이 생겼다면 외로운 시간을 가지면서 자신을 돌아봐야 한다. 누구나 자신의 인생은 소중하다. 물질적으로 풍요롭지 않아도 뒤떨어진 나에게도 인생은 소중하다.

1등에게만 인생은 소중하고, 사회에서 물질적으로 성공을 거두었다고 하는 사람의 인생은 소중하지 않다. 실패로 점철되어도 모든 사람의 인생은 소중하고 더 좋아질 수 있다는 희망을 다시 갖게 되는 시간이 필요하다.

한 달 살기를 하면서 전 세계를 다녀보았다. 동남아시아가 저렴한 물가에 살기에 편하다고 한 달 살기의 성지라는 단어까지 써 가면서 오랜 시간을 여행하지만 나는 세상과 단절된 사막에서, 사람이 한명도 지나가지 않는 시골구석에서, 오랜 시간을 보내면서 나에게 질문을 하게 되는 단조로운 일상에서 나에게 물어보면서 시간을 보내고 다시 돌아왔다. 누군가가 한 달 살기를 한다면 자신에게 질문하는 시간을 가져볼 것을 권한다.

울다 지쳐 잠 들어도, 스스로 나를 외롭게 만든다고 해도 ...

다시 그때로 돌아가도 "달라졌을까?"
달라지지 않는다.

하지만 나의 인생은 소중하고 달라질 수 있다는 믿음으로 살 수 있다.

루앙프라방에서 한 달 살기

루앙프라랑Luang Pravang은 대한민국 여행자에게 생소한 도시가 아니다. 하지만 라오스에서 불교유산을 가장 많이 가지고 있는 서양인들에게는 생경한 도시로 인기가 높다. 라오스의 한 달 살기는 루앙프라방Luang Pravang에서 대부분을 지내게 된다. 유럽의 여행자들이 루앙프라방Luang Pravang에 오래 머물면서 불교문화와 상대적으로 선선한 날씨에 매력을 느끼게 된다. 루앙프라방Luang Pravang의 레스토랑은 전 세계 국적의 요리 경연장이라고 할 정도로 다양한 나라의 요리를 먹고 즐길 수 있다.

라오스는 현재 대한민국에서는 단기여행자가 많지만 서양의 장기여행자들이 모이는 나라로 알려져 있다. 경제가 성장하지도 않고 여행의 편리성도 떨어지지만 따뜻한 분위기를 가진 도시로 태국의 치앙마이 못지않은 한 달 살기로 알려져 있다. 여유를 가지고 생각하는 한 달 살기의 여행방식은 많은 여행자가 경험하고 있는 새로운 여행방식인데 그 중심으로 루앙프라방Luang Pravang이 있다.

장 점

1. 유럽 커피의 맛

루앙프라방Luang Pravang은 1년 내내 맛있는 커피를 마실 수 있는 도시이다. 그래서 유럽의 여행자들은 아침을 커피와 크로아상으로 시작한다. 루앙프라방에서 커피 한잔의 여유를 즐길 수 있는 즐기는 순간을 오랫동안 느낄 수 있다.

2. 색다른 관광 인프라

루앙프라방Luang Pravang은 베트남의 다른 도시에서 느끼는 해변의 즐거움이나 베트남만의 관광 인프라를 가지고 있지는 않다. 프랑스 식민지 시절의 느낌을 담은 도시이기 때문에 모든 도시의 분위기는 프랑스풍의 색다른 관광 컨텐츠가 풍부하다. 해변에서 즐기는 여유가 아니라 새로운 관광 인프라를 가지고 있다.

3. 몰랐던 자연의 세계

1년 내내 푸시 산과 빡우 부처 동굴에서 해지는 대자연의 선물을 감상하면서 몸과 마음이 한결 가벼워지는 것을 알 수 있다.

전통 예술과 민족학 센터 같은 자연사 박물관에서는 다채롭고 흥미로운 전시물을 둘러보는 것도 좋다. 하지만 꽝시 폭포에 가서 폭포수가 떨어지는 장관을 감상하지만 몰랐던 자연의 세계도 알게 되는 경험을 하게 된다.

4. 유럽 문화

라오스는 경제성장이 떨어지고 항상 같은 풍경을 가진 저성장 국가이다. 그런데 프랑스의 식민시절의 분위기와 란상 왕국의 강력한 불교문화가 섞여 새로운 문화를 받아들이는 라오스 유일한 도시가 루앙프라방Luang Pravang이므로 장기 여행자에게 인기는 높아지고 있다.

5. 다양한 국가의 음식

루앙프라방Luang Pravang에는 한국 음식을 하는 식당들이 많지 않다. 다른 동남아시아 국가에는 한국 음식점이 있지만 루앙프라방Luang Pravang에는 많지 않다. 그나마 한국 문화를 접한 사람들이 만든 음식점이다. 가끔은 한국 음식을 먹고 싶을 때가 있지만 루앙프라방Luang Pravang에서는 쉽지 않다. 하지만 전 세계의 음식을 접할 수 있는 레스토랑이 즐비하다. 그래서 루앙프라방Luang Pravang에서는 라오스 음식도 즐기지만 전 세계의 음식을 즐기는 여행자가 많다.

단 점

은근 저렴하지 않은 물가

라오스 여행의 장점 중에 하나가 저렴한 물가이다. 하지만 루앙프라방Luang Pravang은 라오스의 다른 도시보다 접근성이 떨어지므로 물가는 다른 도시보다 상대적으로 물가가 높은 편이다. 그래서 라오스 음식을 즐기는 여행자보다는 다양한 국가의 음식을 즐겨도 비싸다는 인식이 생기지 않는다. 특히 피자나 스테이크, 프랑스 음식을 즐길 수 있는 다양한 레스토랑이 있다. 다양한 국가의 요리를 합리적인 가격으로 즐겼다는 생각 때문에 여행자들이 느끼는 만족도도 높다.

접근성

방비엥에서 6~8시간 동안 버스를 타고 이동하면 루앙프라방Luang Pravang에 도착할 수 있다. 또한 인천공항에서 루앙프라방Luang Pravang으로 향하는 직항이 없어 비엔티엔Vientiane을 거쳐 항공으로 이동할 수 있다. 그래서 가기 힘든 도시이므로 접근성에 제한이 있다.

Luang
Prabang
루아프라방

루앙프라방에서 꼭 해야 할 Best 6

푸시 정상에서 일몰풍경 바라보기

탁발로 정신 수양하고 아침시장에서 활기차게 하루 시작하기

꽝시폭포의 에메랄드 빛 풍경 즐기기

세계 유네스코 문화유산인 사원들을 자전거로 천천히 둘러보며 슬로우 라이프 즐기기

야시장의 다양한 먹거리 맛보기

루앙프라방 시민들이 먹는 바게뜨와 쌀국수, 방비엥과 비교하며 먹어보기

◀방비엥 바게뜨

루앙프라방 시내지도

메콩 강
여행자거리
루앙프라방박물관
호 파방
식료품 시장
아침시장
왓 마이
왓 빠후악
아시장
왓 폰싸이
탓 쫌씨
푸시(Phu si)
전통 공예와 민속학 센터
다라 시장

레스토랑

1. 조마 베이커리
2. 바게트 샌드위치 노점
3. 야시장 노점식당 골목(1만낍 뷔페)
4. 리버사이드 바비큐 레스토랑
5. 캠콩
6. 사프란 에스프레소 카페
7. 빅 트리 카페
8. 블루라군
9. 루앙프라방 베이커리
10. 코코넛 레스토랑
11. 코코넛 가든
12. 나짐(인도음식점)
13. 더피자
14. 다오파 비스트로
15. 빡훼이미싸이 레스토랑
16. 카페 뚜이
17. 엘레팡
18. 르 카페 반 왓쎈
19. 딸락 라오
20. 왓 쎈 맞으면 카우쏘이 국수집
21. 르 바네통
22. 씨앙통 누들 숍
23. 타마린드
24. 쌀라 카페
25. 엔싸바이
26. 에트랑제 북스& 티
27. 유토피아
28. 낭애 레스토랑
29. 니샤 레스토랑
30. 감삿갓(한식당)
31. 쏨판 레스토랑
32. 사프란 에스포레소 카페(분점)
33. 델리아 레스 토랑
34. 라오 커피숍(한 까페 라오)
35. 조마 베이커리
36. 바게트 샌드위치 노점

호텔

1. 루앙프라방 리버 로지
2. 타흐아메 게스트하우스
3. 라오루로지
4. 메콩 홀리데이 빌라
5. 메종 쑤완나품 호텔
6. 푸씨 호텔
7. 분짤른(분자런) 게스트하우스
8. 쏨쿤므앙 게스트하우스
9. 에인션트 루앙프라방 호텔
10. 라마야나 부티크 호텔
11. 푸씨 게스트하우스
12. 씨앙무안 게스트하우스
13. 싸요 씨앙무안
14. 남쏙 게스트하우스3
15. 남쏙 게스트하우스
16. 빌라 짬빠
17. 낀나리 게스트하우스
18. 빌라 싸이캄
19. 삐파이 게스트하우스
20. 라오우든 하우스
21. 반팍락 빌라
22. 암마따 게스트하우스
23. 벨 리브 부티크 호텔
24. 로터스 빌라
25. 르 깔라오 인
26. 씨앙통 팰리스
27. 쿰 씨앙통 게스트하우스
28. 씨앙통 게스트하우스
29. 메콩리버뷰 호텔
30. 빌라 산티 호텔
31. 스리 나가(홍햄 쌈 나까)
32. 창인(홍햄 쌍)
33. 빌라 쌘쏙
34. 빌라 쏨퐁
35. 부라싸리 헤리티지
36. 압사라 호텔
37. 싸이남칸 호텔
38. 폰쁘라섯 게스트하우스
39. 레몬 라오 백팩커스(도미토리)
40. 짜리야 게스트하우스
41. 타위쑥 게스트하우스
42. 씨따 노라씽 인
43. 위라이완 게스트하우스
44. 퐁피락 게스트하우스
45. 메리 게스트하우2
46. 콜드 리버게스트하우스
47. 르 벨 애 부티크 리조트
48. 선웨이 호텔
49. 나라씸 게스트하우스
50. 쑤언 깨우 게스트하우스
51. 왓 탓 게스트하우스
52. 싸이싸나 게스트하우스
53. 피라이락 빌라
54. 랏따나 게스트하우스
55. 쏨짓 게스트하우스
56. 호씨앙1 게스트하우스
57. 호씨앙2 게스트하우스
58. 쌩펫 게스트하우스
59. 씨야나 게스트하우스
60. 마이 라오 홈
61. 파쏙 게스트하우스
62. 루앙프라방 리버 로지
63. 메콩 문 인
64. 텝파윙(우동풍2)게스트하우스

LUANG PRABANG

루앙프라방Luang Prabang은 수도인 비엔티엔Vientiane에서 약 407㎞ 떨어져 있어서 버스로 약 10시간 이상 소요되고, 방비엥에서는 버스로 약 273㎞로 6~7시간 정도 거리에 위치해 있다. 그래서 루앙프라방은 버스를 주로 이용해 이동하지만 비엔티엔에서 항공으로도 이동이 가능하다.

비엔티엔과 방비엥에서 버스가 매일 오전, 오후에 운행되고 있다. 가장 많이 이용하는 버스는 VIP버스로 장거리를 달리는 2층짜리 코치버스를 말한다. 일반버스와 미니밴도 운행을 하고 있지만 사용빈도는 높지 않다. 비엔티엔과 방비엥에서 야간 슬리핑버스로 자면서 이동하는 경우도 많다.

비엔티엔,방비엥 → 루앙프라방

투어회사나 호텔에서 버스티켓서비스를 하고 있다.
비엔티엔에서 방비엥까지는 평탄한 도로이지만 방비엥에서 루앙프라방까지는 우리나라의 대관령도로를 지나는 것처럼 꾸불꾸불한 도로를 지나서 이동을 하기 때문에 멀미가 날 수도 있다.

낮에 오랜 시간을 차에서 보내면 상당히 지루하기도 하다. 비엔티엔에서 루앙프라방을 갈때는 중간에 점심식사 가격이 버스티켓에 포함되어 있는 경우도 있다(VIP 버스).

노선	출발	도착	소요시간	요금
비엔티엔	7시	19시	10~12시간	14~17만낍(Kip)
	18시 30분(Sleeping)	아침 7시		19~19만낍(Kip)
	18시 30분(Sleeping)	아침 7시		19~21만낍(Kip)
방비엥	09시	15시	6~7시간	10~12만낍(Kip)
	10시	16시		
	14시	20시		
	15시	21시		
	9시(슬리핑버스)	새벽4시		14~17만낍(Kip)

주의사항

버스로 이동을 할 때 가끔이지만 도난사고가 발생하고 있다. 짐을 싣고 버스의 자리에 앉아 있을 때 짐을 훔쳐가는 사고가 발생하기 때문에, 짐을 잘 확인하고 탑승해야 한다. VIP버스는 1층에 짐을 싣고 2층에 탑승을 하고 미니벤은 버스위에 짐을 싣게 된다. 미니벤은 짐을 내리기가 쉬워서 도난사고가 더 많은 편으로 조심해야 한다.

루앙프라방 이해하기

루앙프라방은 동서로 비스듬히 메콩강이 흐르고, 남북으로 꾸불꾸불 칸 강이 흐르고 있어 강 안쪽의 분지지형처럼 되어 있다. 루앙프라방 남부 버스터미널에서 내리면 뚝뚝이가 여행자거리의 조마 베이커리앞에 내려준다. 동서로 나있는 이 도로가 '타논 시사웡왕' 거리이다. 이 도로가 여행자거리부터 동쪽 끝의 왓 씨엔통까지 이어지기 때문에, 타논 시사웡왕 도로롤 따라 아침시장과 야시장, 탁발과 사원들, 푸시(산)가 있다.

많은 여행사, 투어회사들, 음식점, 오토바이나 자전거를 빌려주는 가게들이 즐비하다. 여행자거리에서 왓 씨엔통에서 작은 도로들이 나와 있어서 작은 도로들을 여유롭게 보는 즐거움이 있다. 배낭여행객들이 자전거가게와 여행사나 카페를 찾아 루앙프라방을 둘러본다.

타논 시사웡왕 거리 중간부분에 푸시를 넘어가면 왓 아함, 왓 위쑨나랏이 이어지면서 루앙프라방의 맛집들이 상당히 많다. 또한 다른 루앙프라방의 모습도 볼 수 있다. 주로 유럽 배낭여행자들이 많이 묶는 게스트하우스와 호텔들이 푸시 넘어 위치하고 있다.

머니트랜드(Money Trend)

루앙프라방에서는 거의 신용카드보다 현금을 사용한다. 루앙프라방 인포메이션 센터 건너편에는 많은 ATM가 있어 시간에 관계없이 돈을 인출할 수 있다. 또한 환전소도 많아 달러를 가지고 있다면 환전하여 이용하면 된다.

▲인포메이션 센터 건너편 ATM

타논 시사웡왕 거리를 따라 동쪽으로 가다보면 카페와 야시장 등이 열리기 때문에 여행자들은 사전에 미리 현금을 준비해 두자. 숙박은 호텔 25~50달러($)정도, 게스트하우스는 도미토리는 4만낍(Kip), 2인실은 12만낍(Kip)정도의 가격으로 이용하고 있다.

사원은 왓 시엔통 정도만 입장료가 2만낍(Kip)이고 다른 사원들은 입장료가 없다. 꽝시폭포까지 이동하는 뚝뚝비용이 4~6만낍(Kip), 입장료는 2만낍(Kip)이다. 노점에서는 바게뜨 샌드위치가 1만~2만낍(Kip), 커피가 5천~1만낍(Kip)으로 매우 저렴하다. 오히려 조마 베이커리나 분위기 좋은 카페들이 먹다보면 가격이 조금 비싸다고 느껴질 수가 있어 가격을 확인하고 한끼식사를 하는 것이 좋다.

About 루앙프라방

라오스의 메콩 강가에는 아름다운 도시 루앙프라방이 있다. 루앙프라방은 각종 물건을 사고파는 상업 도시이자 불교 사원이 많아 승려들이 모이는 종교의 중심지였다. 특히 1300년대 이후부터는 란상 왕국의 수도였다.

커다란 황금 불상

원래 루앙프라방의 이름은 '무웅스와'였다. 1353년에는 파눔 왕이 '황금 도시'라는 이름을 가진 '무옹 시엥 통'으로 바꾸었다. 그러다가 스리랑카에서 불상 프라방을 만들어 선물하자, 이 불상을 기념해 도시의 이름을 루앙프라방으로 바꾸었다. 프라방은 무게가 53kg이나 나가는 커다란 황금 불상이다. 루앙은 '크다', '프라방'은 '황금 불상'이라는 뜻이다.

불교 사원인 와트가 많다

루앙프라방은 도시 전체가 박물관이라고 할 만큼 오래된 건축물과 유적이 많다. 여기에 1800년대~1900년대에 프랑스의 지배를 받으면서 생긴 유럽식 건물도 많아서 도시 풍경이 아주 독특하다. 하지만 루앙프라방의 핵심은 옛 시가에 많은 불교 사원인 '왓(Wat)'이다. 메콩 강과 칸 강이 만나는 지점에 있는 왓 시엥 통은 전통적인 라오스 건축의 걸작으로 손꼽힌다. 그밖에도 왓 비순, 왓 아함, 왓 마이, 왓 탓 루앙 등이 유명하다.

탁발
Tak Ba

루앙프라방을 찾는 관광객들에게 하고 싶은 한가지를 물어보면 누구나 탁발수행을 보고 싶다고 한다. 그래서 새벽 6시부터 일찍, 졸린 눈을 비비며 일어나 거리에서 기다리는 관광객들을 매일 보게 된다. 탁발은 불교국가인 라오스에서 매일 행해지는 종교의식으로, 마치 관광상품처럼 느껴지지만 라오스의 전통의식이므로 사진만 찍는데 집중해서는 안 된다. 이 의식은 승려들의 수행 중 하나로 인정해줘야 하기 때문에, 조금 멀리 떨어져서 수행을 보고 탁발의 의미를 느껴보려고 해야 한다. 라오스 여행은 아름다운 자연이나 엑티비티도 있지만 미려한 문화를 보고 느끼면서 힐링되는 점도 무시할 수 없다. 탁발의식을 하는 승려들의 수행을 방해하지 말고 신체의 접촉도 하지말아야 한다. 침묵으로 그들의 수행을 바라보면서 자신을 다시 한번 돌이켜보는 시간을 가져보자.

시주를 하고 싶다면 대나무통에 찰밥을 미리 준비하고 신발을 벗고 현지인처럼 앉아서 시주를 하면 된다. 탁발은 시간이

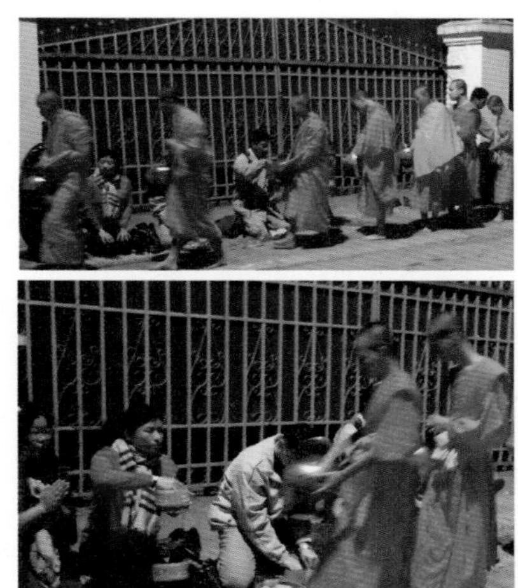

정확하게 새벽 6시에 시작되기 때문에, 조금만 더 자자고 생각해 늦어지면, 탁발이 끝난 후에 나오게 된다. 탁발이 끝나고 나면 바게뜨 샌드위치 노점에서 아침을 먹으면서 하루를 시작해도 좋다.

위치_루앙프라방 박물관 앞이나 조마베이커리 건너편
시작시간_ 06시

꽝시폭포
Kuang Si Waterfall

루앙프라방에서는 방비엥처럼 투어상품을 만들어놓지는 않았다. 코끼리투어가 있지만, 유럽인들이 주로 하고 우리나라 관광객들은 주로 꽝시폭포만 이용한다. 꽝시 폭포는 뚝뚝이기사와 이야기를 해서 가면 되는데 5명 정도가 모여져야 한다. 일행이 있다면 다행이지만 일행이 없다면 뚝뚝이 기사아저씨가 모아서 갈때까지 기다리면 된다. 가격은 5만낍(Kip)이다. 만약 5명의 일행이 있다면 총 20만낍(Kip)으로 갈 수 있다.

꽝시폭포는 라오스 최고의 절경을 가진 폭포이다. 석회암지형으로 된 지형이 내려오는 물을 에매랄드 빛으로 물들여 놓은 꽝시폭포는 유럽의 크로아티아에 있는 플리트비체 국립공원과 비슷한 풍경을 가지고 있다. 플리트비체 국립공원도 석회암지형의 물이 떨어지면서 폭포를 만들어 물이 에메랄드 빛을 내뿜는다.

오전에 뚝뚝이가 출발하면 50~60분정도면 도착한다. 꽤 먼거리를 뚝뚝이를 타고 지나는데 총 6개의 다리를 지나가게 된다. 지나가는 풍경에서 순박하게 살아가는 라오스인들을 다시 만나게 될 것이다.

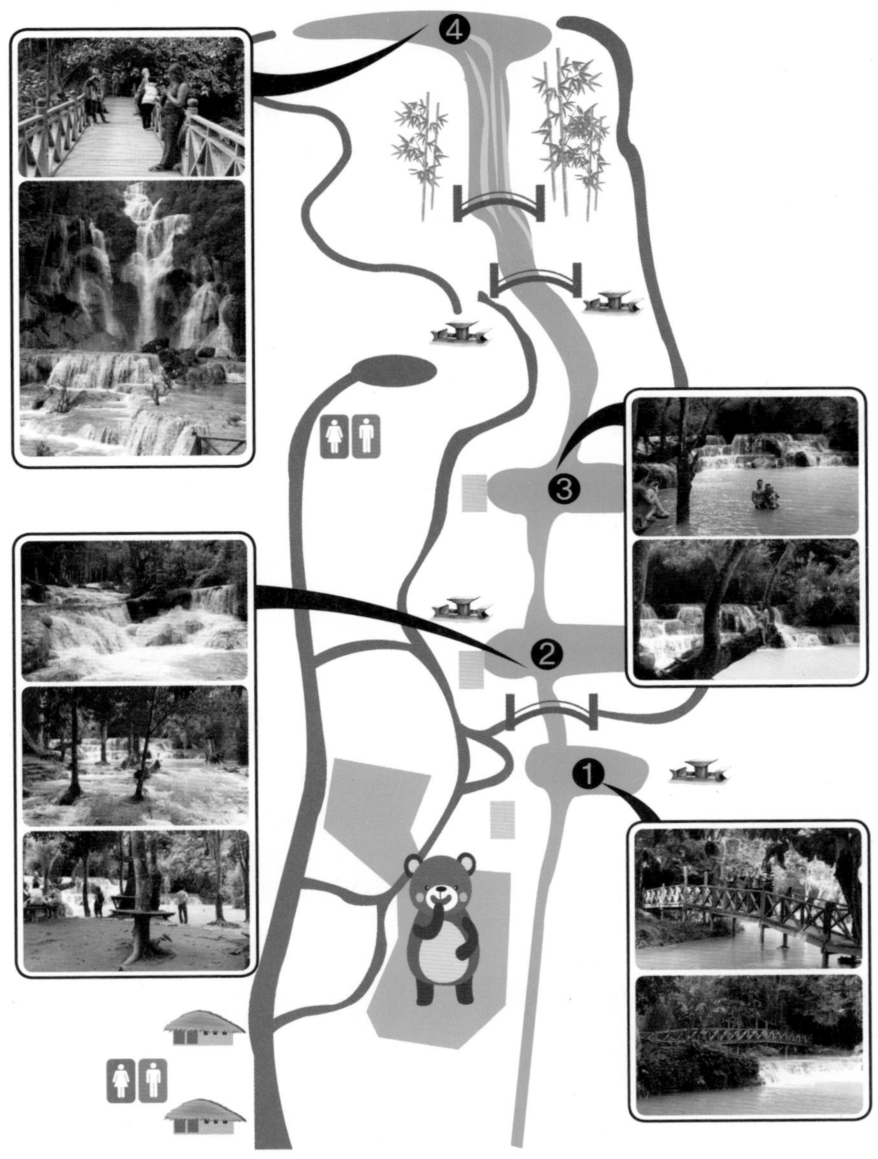
4
3
2
1

꽝시 폭포로 올라가기

50~60분을 지나 꽝시폭포입구에 도착하면 뚝뚝이 기사아저씨가 언제까지 오라는 시간을 알려준다. 그 시간까지 꽝시폭포에서 즐겁게 놀고 돌아오면 된다. 뚝뚝이 요금은 돌아갈 때 주면 된다. 사전에 미리줄 필요가 없다.

입구에서 2만낍(Kip)의 입장료를 내고 올라가면 곰구조센터를 보게 된다. 이곳에서느 야생에서 조난을 당한 곰들 약 20마리 정도를 키우고 관리하고 있다. 먹이를 주지 말라는 문구가 보여서 곰들을 자세히 보지 못할 수도 있다.

곰 구조센터를 지나 위로 올라가다보면 울창한 나무를 지나고, 그렇게 올라가다보면 졸졸졸 물소리가 들려온다. 폭포수가 흘러내리며 곧게 뻗은 나무들이 울창

한 숲을 이루고 나무사이로 빛들이 흩어진다.

이때부터 천천히 올라가면서 폭포수가 흘러 내리며 여러 개의 작은 폭포를 만들고, 이 아담한 폭포들이 둘러싸고 있는 사람들이 즐길 수 있는 옥빛의 자연 수영장을 보게 될 것이다. 올라가는 과정이 조금은 힘들지만 에메랄드 빛의 3단 계곡을 만나면 탄성을 지르게 된다.

우리나라 폭포에서는 수영하기가 힘들지만 꽝시폭포의 에메랄드 빛의 자연적인 수영장은 이곳을 찾는 이들에게 더 큰 추억을 선사한다. 이는 자연이 인간에게 준 최고의 선물일지도 모른다.

꽝시폭포 바로 아래에는 레스토랑이 있어서 여유를 즐기며 점심을 먹을 수도 있고, 싸 온 음식이 있다면 테이블과 의자에 앉아 서로 이야기하며 즐겨도 된다.

4번의 계곡을 지나 올라가면 온 보람이 있는 꽝시폭포를 볼 수 있다. 시원하게 내려오는 물줄기는 바라보는 이들을 행복하게 만드는 매력이 있다. 안보면 후회하게 된다.

푸시산
Phu Si

라오스어로 '푸(Phu)'는 '산'이라는 뜻이고 '씨(Si)'는 '신성하다'라는 뜻으로 100m높이의 정상까지 328개의 계단으로 이루어져 있다. 해질 무렵이면 많은 관광객들이 푸시산으로 올라가 해지는 풍경을 보곤 한다.

노란색의 '탓 씨' 꼭대기 모습이 보이면 정상에 도착한 것이다. 계단의 중간 오른쪽 공터에는 해지는 풍경이 아름다워 보는 사람마다 사진을 찍게 된다. 정상에서 산의 뒤를 보면 칸 강과 루앙프라방의 아름다운 도시모습을 볼 수 있다.

왓 파 후악
Wat Pa Huak

푸시 산 입구에 있는 작은 사원이다. 1861년 완공이 되었지만 보수가 거의 이루어지지않아 낡은 모습이 역력하고, 대법전 안에는 벽화들로 장식되어 있다. 중국이나 유럽, 페르시아에서 온 사절단을 맞이하는 내용이나 중국인들에 대한 내용이 나와 있다. 상인방에는 머리가 3개 달린 코끼리와 하늘의 신인 '인드라' 조각이 있다.

위치_ 푸시산 뒤

왓 탐모 타야람
Wat Thammo Thayalam

푸시 산을 넘어가면 서쪽 강을 바라보는 쪽에 경사진 산의 바위 밑에 만들어진 사원이다. 1851년 루앙프라방에 정착한 유럽인들이나 중국의 청나라 사절단이 머물던 곳으로 다양한 모양의 불상이 곳곳에 흩어져 있다. 동굴사원이라 '왓 탐 푸시'라고 부르기도 한다. 부처님의 발자국이 새겨진 석판도 의미가 있지만, 관광객인 우리에게는 칸 강을 해질 때에 바라보면 아름다운 루앙프라방을 느낄 수 있다.

왓 씨엔 통
Wat Xieng Thong

루앙프라방에서 가장 유명한 사원으로 세계 유네스코 문화유산으로 등재되어 있다. 라오스 말로 씨엔Xieng은 '도시', 통Thong은 황금으로 '황금도시의 사원'이라는 뜻이다. 서양인들에게는 루앙프라방에서 반드시 방문해야 하는 아름다운 사원으로 인식되고 있을 정도이다.
씨엔 통은 루앙프라방의 예전이름으로 쓰일 정도로 왓 씨엔 통 사원은 아무리 사원에 관심이 없어도 봐야하는 대표적인 사원이다.
1599년 세타타랏 왕이 세워 1975년 비엔티엔으로 수도를 옮기기 전까지 왕의 관리 하에 있던 사원이다. 메콩 강에 인접한 곳에 사원을 만들어 왕이 메콩 강에서부터 나와 계단을 따라 사원까지 연결되도록 만들어졌다.
메콩 강은 과거 루앙프라방의 물자가 나오고 들어가고 왕이 손님을 맞이하는 관문의 역할을 했기 때문이다.

보는 순서
입구 → 왕실 납골당 → 대법전 → 붉은 예배당 → 메콩강으로 나가기

왓 씨엔 통은 과거 국왕의 대관식이 열리는 왕실의 사원이며, 루앙프라방에서 열리는 축제가 왓 씨엔통에서 시작이 된다. 입구에서부터 "왕이 걷는다"라는 생각으로 사원을 둘러보면 색다른 느낌을 가지게 될 것이다.
입구 오른쪽에 왕실 납골당이 있는데 납골당 안에 12m 높이의 장례운구배가 있다. 외벽에는 고대 인도의 라마야나 에로틱벽화가 금박으로 그려져 있다. 안의 운구배는 계속 보수를 하고 있는 중이고,

사진을 통해 보수작업을 어떻게 하고 있는지를 알려주고있어 더 생생한 느낌이 난다.
대법전은 새들이 날개를 펴고 날아가는 모양을 형상화하여 지붕을 나타내었고 꽃무늬 장식과 전설 곳에 나오는 동물들의 신들로 그려져 있다. 힌두 신화의 라마야나의 지옥도 등이 둘러싼 벽화에 그려져 있다. 메콩강 쪽에는 은색 유리의 코끼리 머리 조각상이 돌출되어 나와 있다. 힌두교 지혜의 신으로 '가네샤'라고 부른다.
대법전 전면 전체에는 Tree of Life(삶의 나무)라는 모자이크로 조각되어 있다.
붉은 예배당이라고 부르는 와불 법당이 대법전 뒤쪽에 2개가 서 있는데 왼쪽의 붉은색 법당이 유명하다. 대접전 안에는 16세기때 만든 청동 와불상이 있다.

메콩 강 포토존
Photo Zone

루앙프라방 오른쪽으로 올라가면 왓 씨엔 통이 마지막으로 나온다. 왓 씨엔 통 끝으로 메콩 강과 칸 강이 만나는 지점에 카페 뷰 포인트가 있고 그 밑으로 나무다리가 보인다. 이 나무다리에서 일몰 때 많은 관광객들이 다리 통행료 7,000낍(Kip)을 내고 지나가면, 아름다운 해지는 메콩 강의 일몰을 볼 수 있고 사진도 찍을 수 있다.

왓 마이
Wat Mai

루앙프라방 박물관 바로 옆에 있는 사원으로 18세기 후반에 지어졌고 루앙프라방에서 남아 있는 사원 중에 오래되어 가치가 있다. 왕족들이 왕실 사원으로 사용하여 라오스의 명망있는 스님들이 거주하던 사원이며 라오스 불교의 대표적인 본산으로 일컬어지고 있다.
황금불상인 파방(프라방)을 안치하여 왕실사원의 위용을 자랑하였지만, 현재 그

불상은 루앙프라방 박물관에 옮겨 놓았다. 라오스 최대의 신년 축제인 삐 마이 라오때는 루앙프라방 박물관에서 파방을 가지고 와서 3일간 왓 마이 사원에서 물로 불상을 씻기며 새로운 한 해의 행운을 기원하는 행사를 한다.
왓 마이 사원은 루앙프라방 왕국의 초기 사원양식인 낮은 지붕의 내림으로 지어져, 대법전의 붉은색 지붕이 5층으로 웅장한 느낌을 준다. 그래서 왕 마이 사원이 오히려 왕궁사원같은 느낌을 받기도 한다. 대법전 입구의 기둥과 출입문 양 옆을 장식한 황금부조는 부처님의 생애를 기록해 놓았다.

위치_ 메루앙프라방 박물관 옆
입장료_ 대법당만 3만낍(Kip)

왓 탓
Wat That

여행자거리의 숙소들이 몰려 있는 조마 베이커리 건너편 계단 위에 위치한 사원이다. 아침에 탁발을 마치고 계단을 올라가 해뜨는 장면을 보는 것도 인상적인 루앙프라방의 하루를 시작하는 방법 중 하나이다. 라오스어로 '탓'은 탑을 뜻한다. '파 마하탓'라는 탑 때문에 유명한 사원으로, 라오스 사람들은 신성한 탑으로 생각하고 있다.

중간에 태풍 등의 문제로 계속 보수공사를 하고 있고, 1991년에 마지막으로 보수를 한 탑이다. 왓 탓도 대법전과 탑, 승려 등의 방, 법고를 가지고 있는 제법 큰 사원이다.

대법전을 올라가는 계단은 머리가 5개인 '나가'라는 용으로 장식되어 있고, 지붕의 처마는 삼각형의 판으로 된 박공으로 둥글게 장식되어 있다. 겉면은 부처님의 일대기를 장식해 놓았다.

위치_ 조마베이커리 정면 건너편
입장료_ 무료

루앙프라방 국립 박물관
LUANGPRABANG National Museum

왕궁박물관 안에 왕궁과 호파방, 왕궁박물관이 같이 위치한다. 왕궁박물관이라고 씌여 있어 단순하게 지나치기도 하지만 박물관부터 호파방 왕궁을 보다보면 다 둘러보는데 상당한 시간이 걸린다. 입구에서 보이는 건물이 왕궁이자 왕궁박물관이고 오른쪽에 호파방, 왼쪽에 씨싸왕웡 왕의 동상이 있다.

위치_ 왓 마이 바로 오른쪽 옆
요금_ 박물관 안 입장료만 3만낍(Kip)

▲오른쪽, 호 파방

왕궁박물관
루앙프라방 왕국시절에 사용했던 왕궁터에 자리한 박물관이다. 19세기말 청나라 말기의 무장세력들이 라오스로 밀려 내려오면서 라오스를 일부 점령한 시기에 왕궁은 소실되었다. 프랑스가 라오스를 점령하면서 라오스 왕이 머무를 장소로 다시 건설해 주었던 곳이 지금은 왕궁박물관으로 사용되고 있다. 1904년부터 5년 동안 건설되었고, 1924년까지 보수와 증축이 계속 이루어졌다.
프랑스 건축가가 설계를 하였기 때문에 완전한 라오스 양식의 건물은 아니다. 프랑스와 라오스 양식의 '혼합'이라고 말할 수 있을 것이다. 유럽식의 십자형 바닥구

왕궁박물관 내부도

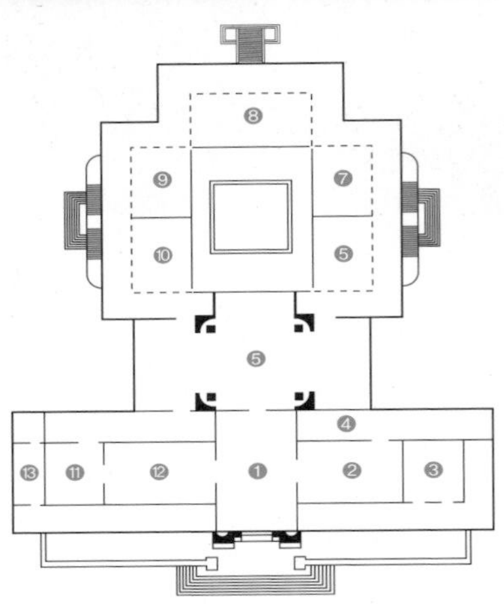

❶ 현관(의전실)
❷ 국왕 접견실
❸ 파방(황금 불상) 전시실
❹ 황동 북 전시실
❺ 국왕 집무실
❻ 서고(도서관)
❼ 왕비 침실
❽ 국왕 침실
❾ 라마야나 전시실
❿ 다이닝 룸
⓫ 왕비 접견실
⓬ 국왕 비서 접견실
⓭ 사물 보관소

조에 황금색으로 탑장식을 하여 화려하지는 않다.
라오스가 식민시절 당시 지어져, 웅장한 느낌은 전혀 없다. 그래도 이름은 '황금의 방'이라는 '호캄(Ho Kham)'으로 불렸다고 한다. 1975년 사회주의 라오스 정부가 수립되면서 왕궁을 박물관으로 사용하여 지금에 이르고 있다.

호캄 왕궁

란쌍 왕국과 루앙프라방왕국 시절에 사용했던 왕궁이다. 입구를 들어가면 탁 트인 전경이 가슴을 시원하게 만들어준다. 야자수 길을 걸어가면 오른쪽에 화려한 장식이 보인다. 왕 씨엔 통도 마찬가지지만 코끼리 장식이 보인다.
라오스의 란쌍 왕국때에 '란쌍'이라는 이름이 '백만의 코끼리'라는 뜻이며, 강력한

힘을 가지고 있었다는 뜻으로 생각하면 된다. 동남아에서는 코끼리를 타고 전쟁을 수행했기 때문에 코끼리는 군사력을 의미한다.
왕궁을 들어가면 중앙에 국왕이 일을 하던 집무실이 있고, 오른쪽에 왕의 접견실로 지금은 라오스, 마지막 국왕들의 동상과 내부에는 루앙프라방 풍경을 그린 그림으로 전시되어 있다. 왼쪽은 왕을 수행하는 비서들이 사용했던 방이 배치되어 있다.

왕궁의 방문시 주의사항

왕궁을 들어가려면 무릎이 보이는 반바지와 미니스커트를 입지말고 긴바지를 입어야 한다. 어깨가 보이는 민소매도 제한된다.

왕궁 현관 왼쪽에 영어로 신발을 벗고 입장하라는 표시가 되어 있다. 가방과 모자, 카메라도 사물함에 넣어야만 입장이 가능하다.

호 파방(Ho Pha Bang)

초록색과 황금색이 만나 햇빛에 빛나는 호 파방은 관광객의 시선을 끈다. 황금불상인 '파방(프라방)'을 모시기 위한 건물이 호 파방(Ho Pha Bang)이다. 1963년에 왕실 사원으로 짓기 시작했지만 1975년 사회주의 국가가 들어

서면서 중단되었다가 1993년에 다시 지으면서 2005년에 완공된 사원이다.
파방에는 높이 83cm, 무게 50kg인 90% 금과 은, 동을 합금해 만든 불상이 있다. 1359년, 크메르왕이 라오스를 최초로 통일한 자신의 사위, 란쌍왕국의 국왕, 파응엄에게 선물한 불상이다.

왓 아함
Wat Aham

왓 위쑨나랏 옆에 있는 사원이라 같은 사원처럼 느껴진다. 아함은 '열린 마음의 사원'이라는 뜻으로 1818년, 루앙프라방을 지키기 위해 사원을 만들었다고 한다. 관광객들은 여행자거리에서 떨어져 있어 많이 찾지는 않는다.
대법전 내부에는 지옥도가 그려져 있다고 한다. 계단에는 사자 동상을 세워 루앙프라방을 지키고 힌두 신화의 하누만과

라바나의 조각상이 지키고 있는데, 사원 앞에는 루앙프라방을 지키는 신이 있다는 보리수나무가 심어져 있다. 아침이나 해질 때의 사원모습이 아름답다.

왓 위쑨나랏
Vat Visounnarath

루앙프라방의 많은 사원들이 관광객들이 주로 보러 가는 사원들이지만, 왓 위쑨나랏 사원은 루앙프라방 시민들이 찾는 시민들의 사원이다. 특히 해지는 밤의 야경이 인상적이라 저녁에 보는 모습이 아름답다. 사원의 이름처럼 위쑨나랏 왕(1501~1520)이 황금불상을 모시기 위해 만든 사원으로, '왓 위쑨'이라고 줄여서 부르기도 한다.

루앙프라방에서 사원으로 가장 오래된 건물이기도 하고 건물의 모든 부분을 목조로 만들어 가치가 있었지만, 1887년 청나라때 흑기군이라는 무장세력이 내려와 소실되었다. 지금 건물은 1898년에 재건축한 건물로 원형은 같지만 벽돌을 사용해 목조건물은 아니다. 대법전 내부에 다양한 불상의 종류가 전시되어 있고 루앙프라방에서 가장 큰 불상이 있는 사원이다. 특히 대법전 앞에 탓 빠툼이라는 35m의 '위대한 연꽃 탑'이라는 뜻의 둥근 연꽃 모양의 탑이 인상적이다.

위치_ 푸시산은 넘어가면 밑으로 보이는 2개의 사원이 타논 폼마탓 거리 중심
요금_ 2만낍

아침시장
Morning Markets

아침에 탁발이 끝나면 아침시장이 인포메이션 센터 옆에 열린다. 골목 중간에는 왓 마이 사원(Wat Mai)이 있어 아침시장과 같이 사원을 둘러보는 것도 좋은 방법이다. 우리나라의 5일장과 그 모습이 닮아 있는 아침시장은 루앙프라방 사람들이 직접 재배한 것들을 파는 현지인들을 위한 시장으로, 라오스인들의 삶을 알 수 있는 곳이다.

야시장
Night market

아침시장이 현지인들을 위한 시장이라면 야시장은 관광객들을 위한 시장이다. 씨싸왕웡거리를 해가 지는 오후 5시 정도부터 가로 막고 수공예품들을 팔기 시작한다. 루앙프라방을 밤까지 재미있는 여행지로 만들어주는 고마운 밤의 명물이다. 서양인들은 루앙프라방의 수공예품에 관심이 많아 스카프, 공예품과 그림들을 많이 구입하지만 우리나라의 관광객들은

아이쇼핑을 많이 한다. 푸시산으로 올라가는 언덕에서 내려다보는 야시장도 운치가 있어 관광객들이 많이 찾는다.

만오천낍 뷔페

푸시산 앞쪽에 야시장의 명물로 야시장을 들르는 누구나 한 번씩은 먹어보는 인기있는 만낍뷔페가 있다. '꽃보다 청춘' 방송에서도 싸고 양이 많은 뷔페에 놀라기도 했다. 음식의 맛은 좋지 않지만 저렴한 가격과 많은 양으로 배낭여행자들에게 매우 인기가 많다. 원하는 양대로 먹고 싶은 음식을 정하여 아저씨에게 주면 그 자리에서 볶아서 먹을 수 있다. 음료수와 라오맥주는 5,000낍(Kip)으로 같이 구입할 수 있다.

카놈빵 바게뜨 노점거리
(바게뜨 샌드위치)

루앙프라방 사거리 인포메이션 센터 건너편에 위치한 바게뜨 샌드위치를 파는 노점들이 모여 있는 곳이다. 방비엥 바게뜨 샌드위치와 거의 비슷하지만 약간의 차이가 있다. 아침에 바게뜨와 라오스 커피를 마시면서 하루를 시작하는 배낭여행객들이 많다. 초입에 있는 노점들이 가장 바게뜨 내용물이 많고 신선하다.
방비엥 바게뜨는 재료를 그 자리에서 익히지만 루앙프라방 바게뜨는 사전에 준비가 되어 있다. 바게뜨의 내용물은 방비엥이 더 많고 방금 익힌 따뜻한 맛이 더 좋다. 가격은 루앙프라방이 조금 더 저렴하다.

루앙프라방 바게뜨 vs 방비엥 바게뜨의 차이점을 알아보자.

1. 먼저 바게뜨 빵을 일부 반으로 자르고 미리 준비된 야채를 넣는다.

2. 손님이 선택한 참치, 베이컨, 비프를 야채 위에 놓으면 끝.

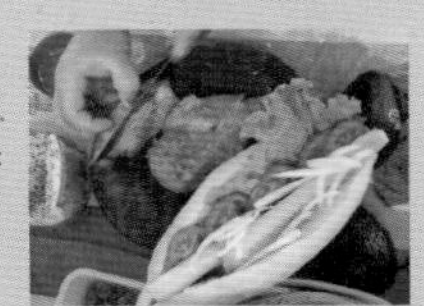

3. 케찹과 소스는 손님이 원하는 대로 뿌리도록 테이블에 비치되어 있다.

EATING

조마 베이커리
Joma Bakery

비엔티엔에도 있는 라오스의 유명한 빵집으로 여행자거리 입구에 있어 뚝뚝이를 기다리면서도 많이 커피를 마신다. 여행자거리 중심에 있어 루앙프라방에서는 "조마에서 만나자?"라고 이야기하면 될 정도로 위치를 찾는 지표로도 사용된다. 커피와 빵이 유명하다. 비엔티엔처럼 유럽인들이 넘쳐나는 카페로 케이크와 샐러드를 많이 주문한다. 루앙프라방 버스터미널에도 광고를 할 정도로 성장한 조마 베이커리는 라오스에서 한번은 꼭 둘러봐야 할 정도로 인지도가 높다.

위치_ 여행자거리 입구
(버스터미널에서 뚝뚝이가 내려주는 장소)
요금_ 5천~5만낍

베이커리 스칸디나비안
Bakery Scandinavian

유럽인들이 즐겨찾는 빵집으로 바게뜨와 케익이 특히 유명하다. 사원과 박물관을 어느정도 둘러보고 힘들 때 찾게 되는 중간정도에 위치해 있다. 유럽의 분위기를 느낄 수 있는 케익과 커피맛이 인상적이다. 브런치를 즐기는 유럽인들이 많고 거리에 나와 있는 테이블에서 마시는 아침의 커피맛은 느긋한 여행 맛을 느끼게 해준다.

위치_ 루앙프라방 박물관에서 오른쪽으로 이동
요금_ 1만~5만낍

더 피자 루앙프라방
The Pizza LuangPrabang

루앙프라방에는 피자가 유명한 곳이 몇 군데 있다. 유럽인들이 즐겨찾는 장소로 도우가 특히 맛이 좋다.

라오스에는 프랑스 식민지였던 탓에 먹거리가 유럽에서 먹는 음식들로만으로도 여행이 가능하다. 그 중에 한 곳으로 필수 피자집으로 인식되고 있다.

위치_ 스칸디나비안 베이커리 옆
요금_ 1만 5천~3만낍

루앙프라방 베이커리
LuangPrabang Bakery

루앙프라방 박물관에서 왓 씨엔 통을 가다보면 유럽풍의 빵집과 피자를 커피와 같이 파는 카페가 늘어서 있는데 이 곳도 마찬가지이다. 베이커리가 특히 유명하고 인기도 높지만 달달하여 우리입맛에는 맞지 않는다.

위치_ 더 피자 루앙프라방 건너편
요금_ 1만~3만낍

금빛노을 식당

입구에 한글로 되어 있는 메뉴가 보이고 메콩 강을 보면서 식사를 할 수 있는 곳으로 해질 때에 더욱 아름다운 식당이다. 가격이 싸지는 않지만 분위기를 내면서 먹을 수 있고 번잡하지 않은 루앙프라방을 느낄 수 있다. 가끔 너무 떠드는 사람들로 분위기를 망칠 수도 있다.

위치_ 여행자거리에서 메콩 강 보트 정거장
요금_ 2만 5천~5만낍

가든 레스토랑
Garden Restaurant

역시 유럽인들이 즐겨찾는 음식점으로 사원과 박물관을 어느 정도 둘러보고 힘들 때 찾게 되는 중간정도에 위치해 있다. 유럽의 분위기를 느낄 수 있는 커피맛이 인상적이다. 테이블에서 마시는 아침의 커피맛은 느긋한 여행의 여유를 느끼게 해준다.

위치_ 루앙프라방 베이커리 오른쪽
요금_ 1만~5만낍

3나가스 레스토랑
Nagas Restaurant

왓 씨엔 통에서 메콩 강변으로 나오면 고급 호텔과 레스토랑들이 즐비하다. 그 중에 하나가 3나가스 레스토랑인데 전형적인 고급 생선요리와 스테이크를 잘한다. 해질 때에 아름다운 메콩 강을 보면서 저녁식사를 할 수 있다. 번잡하지 않은 루앙프라방을 느낄 수 있다.

달트 앤 페퍼 레스토랑
Dalt and Pepper Restaurant

라오스와 유럽의 분위기가 섞인 분위기인 곳으로, 맛도 라오스 전형적인 맛이 아니고 유럽의 맛도 아니다. 유럽인들이 라오스의 분위기를 즐기는 유럽인들이 많고 저녁식사를 하러 오는 관광객이 많다.

위치_ 왓 씨엔 통에서 메콩강으로 나가 오른쪽
요금_ 2만 5천~5만낍

위치_ 왓 씨엔 통에서 메콩강으로 나가 오른쪽
요금_ 2만 5천~5만낍

뷰 포인트 카페
View Point Cafe

메콩 강과 칸 캉이 동싱에 보이는 지점에 있는 카페이다. 가장 해지는 장면이 멋진 카페이다. 바로 밑에는 나무다리를 건너 많은 아름다운 사진을 찍기 위해 모이는 장소가 보인다. 비싼 음식과 커피이지만 맛은 보통이다. 루앙프라방 연인들도 많이 찾는다.

위치_ 왓 씨엔 통에서 메콩강과 칸 강쪽으로 이동
요금_ 2만~10만낍

유토피아
Utopia

루앙프라방에서 여유를 갖고 싶은 여행자들이 가장 선호하는 카페로 칸 강을 볼

수 있어 인기가 높다. 잘 갖추어진 정원과 여유로운 의자들이 오랜 시간 유토피아에 머물게 한다.
방석이 깔린 방석과 쿠션을 베개삼아 진짜 유토피아에 온 것 같은 착각에 빠지게 될 것이다.

홈페이지_ www.utopialuangprabang.com
위치_ 왓 아함 건너편 강변에 있는 좁은 골목으로 끝
요금_ 2만 5천~7만낍

SLEPPING

루앙프라방은 유럽인들이 매우 좋아하는 도시라 머무르는 기간도 길다. 우리나라 관광객들은 대부분 방비엥에서 오랜 시간을 머무는 것과 대조된다. 루앙프라방에 슬리핑버스를 타고 새벽에 도착할 때는 다들 잠자는 시간이라 숙소를 구하기가 힘들어 미리 예약을 하고 머무는 것이 좋다. 저녁이라면 반드시 숙소를 예약하지않아도 게스트하우스는 구할 수 있다. 하지만 고생하기 싫다면 미리 예약하고 오는 것이 편하다.

비엔티엔보다는 숙박요금이 저렴하고 방비엥과는 비슷하거나 약간 요금이 비싸다. 루앙프라방 여행자거리는 거의 대부분 게스트하우스이고 호텔은 왓 씨엔통 근처에 많다.

호시엥 게스트하우스
Hoxieng Guesthouse

여행자거리 입구에 있는 게스트하우스로 인기가 많다. 2층건물로 에어컨과 샤워가 가능한 개인욕실이 있어 호텔과 시설이 차이가 별로 없다. 옆에 호시엥2 게스트하우스를 하나 더 개설할 정도로 인기를 얻고 있는 게스트하우스이다.

전화_ 020-775-03311
요금_ 더블12~16낍(Kip)
(에어컨, 화장실과 욕실,TV와 냉장고가 있다)

헤우아 미 게스트하우스
Heua me Guesthouse

여행자거리에서 메콩 강을 따라 나가는 입구에 있는 게스트하우스이다. 2010년이후에 관광객을 받은 게스트하우스로 2층 건물이고 깔끔한 외관과 내부 시설이 인기요인이다. 여행자거리의 게스트하우스는 시설이 비슷하고 가격도 거의 비슷한데 중간정도의 시설을 가지고 있다.

쏙메싸이 게스트하우스
Sok Mexay Guesthouse

여행자거리에서 메콩 강을 볼 수 있는 게스트하우스로 인기가 있다. 2층건물이고 깔끔한 외관을 가졌다. 메콩 강을 바라볼 수 있는 장점이 있지만 시설이 좋지는 않다. 꼭 메콩 강을 보고 싶으면 아름다운 강의 일출과 일몰 장면을 보기 좋은 게스트하우스이다.

전화_ 071-21-898
요금_ 더블12~18깁(Kip)
(에어컨, 화장실과 욕실,TV와 냉장고가 있다)

사이 사모네 게스트하우스
Sai Samone Guesthouse

여행자거리에서 메콩 강을 볼 수 있는 게스트하우스이기도 하고 새로 지은 건물에 시설도 좋아 가격은 좀 비싸다. 2층건물이고 깔끔한 외관에 호텔과 비교해도 시설이 좋다. 메콩 강을 바라볼 수 있는 장점과 시설까지 좋은 흔하지 않은 게스트하우스이다.

전화_ 071-253-438
요금_ 더블12~18깁(Kip)
(에어컨, 화장실과 욕실,TV와 냉장고가 있다)

메콩 선셋 게스트하우스
Mekong Sunset Guesthouse

메콩 강을 볼 수 있는 게스트하우스로 유럽인들에게 인기가 있다. 2층건물로 전통적인 외관으로 시설이 좋지않다. 메콩 강을 바라볼 수 있는 장점으로 꼭 메콩 강을 보고 싶고 근처에 맛좋은 레스토랑들이 많아 인기가 많다.

전화_ 071-253-438
요금_ 더블12~18깁(Kip)
(에어컨, 화장실과 욕실,TV와 냉장고가 있다)

라오 루 랏지
Lao Lu Lodge

여행자거리 입구쪽에 있는 게스트하우스가 아닌 랏지Lodge라는 이름으로 차별화를 시도했다. 새로 지은 건물로 시설은 매우 좋다. 조마 베이커리에서 들어가면 바로 보이는 건물이다. 유럽인들에게 인기가 높았지만 현재는 한국 여행자들에게 더 인기가 높다.

전화_ 071-212-898
요금_ 더블12~18깁(Kip)
(에어컨, 화장실과 욕실,TV와 냉장고가 있다)

루앙프라방 리버 랏지
Luangprabang River Lodge

게스트하우스가 아닌 랏지Lodge로 호텔과 마찬가지 시설을 가지고 있다. 안락한 분위기의 외관과 편안한 내부 시설은 루앙프라방에서 좋은 시설을 알려주는 숙박시설의 기준이라고 생각될 정도이다.

전화_ 071-232-879
요금_ 더블 18~45깁(Kip)
(에어컨, 화장실과 욕실,TV와 냉장고가 있다)

메콩 리버뷰 호텔
Mekong Riverview Hotel

메콩강과 칸 강이 만나는 지점에서 메콩강이 보이는 루앙프라방 끝부분에 강과

아름다운 풍경을 볼 수 있는 호텔이 있다. 객실은 나무로 장식하고 목조가구와 책상 등을 고풍스럽게 배치해 놓았다. 규모는 크지않은 호텔이지만 직원들이 친절하여 머무르는 동안 최고급호텔에 묵는 느낌을 받을 수 있다.

전화_ 071-232-879
요금_ 더블 18~45깁(Kip)
(에어컨, 화장실과 욕실,TV와 냉장고가 있다)

창인 호텔
Chang Inn Hotel

유럽 배낭여행객들이 아주 좋아하는 호텔로 옛 분위기의 아담한 호텔이다. 거리에서 창문 3개가 보이는 건물로 객실도 적다. 슈피리어 5개룸과 디럭스 3개룸이 전부인 작은 호텔이다. 안마당에는 정원을 잘 꾸며 놓았고 1층 테라스에서 아침식사를 제공한다. 태국에서 운영하는 호텔로 호텔요금의 변동이 심해 계절마다 미리 가격을 확인하고 묵길 바란다.

전화_ 071-253-553
위치_ 왓 쌘에서 오른쪽에 위치
요금_ 슈피리어 35~82$, 디럭스 80~110$

만 오천낍 뷔페(일명 만낍 뷔페)

루앙프라방에 온 관광객들이 가장 기대를 하는 것이 만 오천낍 뷔페에서 식사를 하는 것이다. 아직도 일명 '만낍 뷔페'라고 부르지만 가격은 '오천 낍'이 더 올랐다. 가난한 배낭 여행자는 여행을 하면서 음식 가격이 비싸서 먹을 때마다 저렴하고 많이 먹을 수 있는 음식이 필요하다. 그런 욕구를 해소해 준 곳이 루앙프라방의 만낍 뷔페였다. 지금은 오천낍이 더 올랐지만 아직도 배낭 여행자에게 도움을 주는 곳이다. 하지만 맛이 보장되어 있지만 않다. 그래서 망설이는 관광객도 많지만 찾아갈 만한 장소이기는 하다.

예전에는 여러 번에 나누어서 계속 먹을 수 있었다고 하지만 현재는 딱 한 접시에 자신이 먹을 수 있는 음식을 담을 수 있다. 그래서 담고자하는 음식을 고민하게 된다. 방법은 조금 접시에 담아 하나의 음식 맛을 보고 나서 담는 것이다. 대부분 여행자들이 담는 것들은 달걀 프라이에 튀킨 음식과 볶은 음식을 담으면 먹을 만하다.

Tip 주의사항

1. 배가 고프다면서 접시에 하늘 높이 올라가도록 음식을 담았다가는 후회를 한다. 음식 맛으로 먹는다고 생각하지 말고 한번 본다고 생각하고 자신에게 맞는 음식을 적당하게 담아야 한다.
2. 음료수가 반드시 필요하다. 음료수는 별도로 판매를 하기 때문에 가끔 음료수를 먹지 않고 오직 음식만 먹으려는 여행자가 있다. 그렇지만 많이 먹다보면 목구멍으로 음식이 안 들어가는 순간이 있다. 그러니 반드시 사전에 음료수를 구입하기를 권한다.(물 5,000낍, 탄산수 7,000낍, 비어 라오 10,000낍)
3. 저녁시간이 되면 테이블에 사람들이 다 차게 된다. 그러므로 합석을 할 수 밖에 없는데 그것을 싫어하는 여행자들이 있다. 하지만 좌석이 부족하다는 사실을 인지하고 저녁시간보다 빠르거나 늦게 먹게 되면 테이블이 부족하지 않을 것이다.

조대현

63개국, 298개 도시 이상을 여행하면서 강의와 여행 컨설팅, 잡지 등의 칼럼을 쓰고 있다. KBC 토크 콘서트 화통, MBC TV 특강 2회 출연(새로운 나를 찾아가는 여행, 자녀와 함께 하는 여행)과 꽃보다 청춘 아이슬란드에 아이슬란드 링로드가 나오면서 인기를 얻었고, 다양한 여행 강의로 인기를 높이고 있으며 '트래블로그' 여행시리즈를 집필하고 있다. 저서로 블라디보스토크, 크로아티아, 모로코, 나트랑, 푸꾸옥, 아이슬란드, 가고시마, 몰타, 오스트리아, 족자카르타 등이 출간되었고 북유럽, 독일, 이탈리아 등이 발간될 예정이다.

폴라 http://naver.me/xPEdID2t

이라암

'집에 돌아오지 못하면 어떡하지?'하는 걱정 때문에 스물 전까지 혼자 지하철을 타본 적이 없던 쫄보 중에 쫄보였다. 어느 날 오로라에 치여 첫 해외여행을 아이슬란드로 다녀온 이후 여행 맛을 알게 되어 40여 개 도시를 다녀오면서 여행에 푹 빠졌다. 나만 즐거운 여행을 넘어서 성별, 성격, 장애 상관없이 모두가 즐길 수 있는 여행 문화를 만드는 것이 삶의 목표로 여행을 사랑하면서 새롭게 여행 작가로 살아가고 있다.

트래블로그

라오스

초판 2쇄 인쇄 I 2019년 10월 28일
초판 2쇄 발행 I 2019년 11월 1일

글 I 조대현, 이라암
사진 I 조대현, 유경철(특별 사진 제공)
펴낸곳 I 나우출판사
편집 · 교정 I 박수미
디자인 I 서희정

주소 I 서울시 중랑구 용마산로 669
이메일 I nowpublisher@gmail.com

979-11-89553-02-9 (13980)

- 가격은 뒤표지에 있습니다.

- 파본은 구입하신 서점에서 교환해드립니다.

※ 일러두기 : 본 도서의 지명은 현지인의 발음에 의거하여 표기하였습니다.